W0258543

BEITRÄGE ZUR KONJUNKTURFORSCHUNG

HERAUSGEGEBEN VOM
ÖSTERREICHISCHEN INSTITUT
FÜR KONJUNKTURFORSCHUNG

9

BERECHNUNG UND AUSSCHALTUNG VON SAISONSCHWANKUNGEN

VON

A. WALD

WIEN
VERLAG VON JULIUS SPRINGER
1936

BERECHNUNG UND AUSSCHALTUNG VON SAISONSCHWANKUNGEN

VON

A. WALD

MIT 30 ABBILDUNGEN UND 12 TABELLEN

WIEN

VERLAG VON JULIUS SPRINGER

1936

ISBN-13:978-3-7091-9539-0   e-ISBN-13:978-3-7091-9786-8
DOI: 10.1007/978-3-7091-9786-8

VORWORT

Die Fortschritte, die die Konjunkturforschung in den letzten Dezennien gemacht hat, beruhen nicht zuletzt auf der Ausbildung verfeinerter statistischer Methoden, namentlich im Zusammenhang mit der Analyse von Zeitreihen. Eines der bekanntesten und gebräuchlichsten dieser Verfahren stammt von W. M. Persons. An seiner Methode wurde im Laufe der Zeit vielfach Kritik geübt, ohne daß jedoch ein geeigneter Ersatz geschaffen worden wäre.

Den Anlaß zu der hier vorliegenden Untersuchung bildete die Tatsache, daß im Österreichischen Institut für Konjunkturforschung bei der Berechnung der Saisonschwankung nach der Personsschen Methode in gewissen Reihen der österreichischen Wirtschaft derart unbefriedigende Ergebnisse erzielt wurden, daß eine Abhilfe dringend geboten erschien. Der Verfasser hat daher den Bereich der durch die Saisonschwankung geschaffenen Probleme untersucht und eine neue Methode der Berechnung entwickelt. Obwohl diese Methode im genannten Institut mit Erfolg angewendet wird, erhebt der Verfasser keineswegs den Anspruch, bereits alle Probleme gelöst zu haben. Immerhin dürfte das neue Verfahren auf die Mehrzahl der vorkommenden empirischen Reihen gut anwendbar sein.

Eine kurze Darstellung der hier entwickelten Methode gab der Verfasser bereits in einem Memorandum, das am 6. Mai 1935 dem „Institut Scientifique de Recherches Économiques et Sociales" in Paris — anläßlich eines Vortrages von Professor Oskar Morgenstern — vorgelegt wurde.

Die Anregung zu den vorliegenden Untersuchungen gab Professor Dr. OSKAR MORGENSTERN, dem ich auch für mannigfache Unterstützung zu Dank verpflichtet bin. Die gesamten statistischen Arbeiten wurden im Österreichischen Institut für Konjunkturforschung, das auch das verwendete Material zur Verfügung gestellt hat, mit besonderer Sorgfalt von Fräulein JOHANNA MORGENSTERN durchgeführt; ich danke ihr an dieser Stelle wärmstens für ihre Mitwirkung.

Der Leser, dem die Lektüre des dritten Kapitels Schwierigkeiten bereitet, kann ohne Nachteil für das Verständnis der neuen Methode den Abschnitt über die Differenzenmethode überschlagen. Außerdem befindet sich auf S. 127 eine kurze Zusammenfassung des Rechenganges, auf Grund deren die praktische Anwendung der Methode durchgeführt werden kann.

Wien, im Juni 1936.   A. WALD.

INHALTSVERZEICHNIS

DRITTES KAPITEL

VIERTES KAPITEL

ERSTES KAPITEL

ALLGEMEINE BEMERKUNGEN ZUR ANALYSE VON ZEITREIHEN

In der Konjunkturforschung wird die Annahme gemacht, daß eine Zeitreihe sich aus vier Bewegungskomponenten zusammensetzt, die man folgendermaßen definiert:

a) der Trend, d. i. die allgemeine Entwicklungstendenz in langen Zeitabschnitten, gibt den Hauptverlauf der Zeitreihe wieder;

b) die zyklischen Schwankungen: diese sind wellenförmige Bewegungen, die dem Trend überlagert sind;

c) die Saisonschwankungen, welche jährlich in den gleichen Zeitpunkten regelmäßig wiederkehrende Bewegungen sind;

d) die irregulären Schwankungen: diese bestehen hauptsächlich aus kleineren, in der Reihe oft auftretenden Schwankungen, die Zufallscharakter haben.

Die Zerlegung von Zeitreihen in die angeführten vier Komponenten entspricht der Vorstellung, daß die Zeitreihe als Wirkung von vier Ursachengruppen anzusehen ist. Der Trend wird bedingt durch sekuläre Ursachen, wie etwa Bevölkerungsvermehrung, industrielle und kulturelle Entwicklung, Verbesserung der Verkehrsmittel, usw. Die zyklischen Schwankungen entstehen zufolge Änderungen der Konjunktur, der Rentabilität und ihrer Bedingungen. Die Saisonschwankungen werden durch den Einfluß der Witterung hervorgerufen, oder durch soziale Einrichtungen, die kalendermäßig festliegen und jährlich regelmäßig untereinander ähnliche Schwankungen hervorrufen. Die irregulären Schwankungen schließlich entstehen zufolge von Ursachen, die unter keine der drei genannten Gruppen fallen.

Die Aufgabe der Analyse ist die quantitative Bestimmung der einzelnen Komponenten, welche den angeführten Ursachengruppen entsprechen. Die Lösung dieses Problems stößt aber auf außerordentlich große Schwierigkeiten. Die Gründe hiefür seien im folgenden etwas näher auseinandergesetzt.

Eine Definition, welche die Reihenkomponenten als die Wirkung gewisser Ursachengruppen definiert, sei als „äußere" Definition und die Komponenten seien als „äußere" Komponenten bezeichnet. Im Gegensatz hiezu wird später auch von einer „inneren" Definition der Komponenten zu sprechen sein. Um die Reihenkomponenten auf Grund äußerer Definitionen bestimmen zu können, müssen diese Definitionen zunächst vollständig sein, worunter folgendes gemeint wird:

1. *Die Ursachengruppe, als deren Wirkung eine Reihenkomponente definiert wird, muß vollständig beschrieben werden, d. h. es muß genau aufgezählt werden, welche Erscheinungen der betreffenden Ursachengruppe angehören.* Schon diese Forderung ist in den üblichen äußeren Definitionen nicht erfüllt. Man begnügt sich mit einer ungenauen und vagen Beschreibung der Ursachengruppen. Man sagt z. B., daß der Trend durch sekuläre Ursachen bedingt wird, wobei aber die sekuläre Ursachengruppe ungenau und unvollständig bloß durch Hinweis auf einige besonders wichtige Erscheinungen, wie z. B. Bevölkerungsvermehrung, industrielle Entwicklung, usw. definiert wird.

2. *Ist die Ursachengruppe genau beschrieben, so muß noch präzisiert werden, was man unter der Wirkung der betreffenden Ursachengruppe zu verstehen hat.* Dies ist keineswegs unmittelbar klar. Es bezeichne U_1, U_2, U_3 und U_4 der Reihe nach die dem Trend, den zyklischen, Saison- und irregulären Komponenten entsprechenden Ursachengruppen, ferner sei $\varphi(t)$ die zu analy-

sierende Zeitreihe. Die Wirkung einer Ursachengruppe kann auf verschiedene Weise definiert werden. Es sollen bloß einige Möglichkeiten aufgezählt werden.

a) Bezeichnet $\varphi_i(t)$ ($i = 1, 2, 3, 4$) die Zeitreihe, welche statt $\varphi(t)$ entstehen würde, falls die Ursachengruppe U_i nicht wirksam wäre, so verstehen wir unter der Wirkung von U_i die Differenz $\varphi(t) - \varphi_i(t)$.

b) Die Wirkung der Ursachengruppe U_i ($i = 1, 2, 3, 4$) ist die Zeitreihe $\varphi_i(t)$, die entstehen würde, falls bloß die Ursachengruppe U_i wirken würde und die Wirkung der übrigen drei Ursachengruppen ausgeschaltet wäre.

c) Man kann die Wirkung einer Ursachengruppe U_i ($i = 1, 2, 3, 4$) auch folgendermaßen definieren: Ersetzt man die übrigen drei Ursachengruppen U_j ($j \neq i$) durch gewisse hypothetische Ursachengruppen U_j' ($j \neq i$) und bezeichnet $\varphi'(t)$, bzw. $\varphi_i'(t)$ die Reihe, welche entstehen würde, falls U_j' ($j \neq i$) und U_i, bzw. nur die drei Ursachengruppen U_j' ($j \neq i$) wirksam würden, so verstehen wir unter der Wirkung von U_i die Differenz $\varphi'(t) - \varphi_i'(t)$.

Die Fälle a) und b) sind als Spezialfälle in c) enthalten. Man erhält den Fall a), bzw. b) je nachdem, ob $U_j' = U_j$, oder U_j' als die leere Ursachengruppe gewählt wird.

Es ist klar, daß die erwähnten Definitionen wesentlich verschieden sind, da die Wirkung einer Ursachengruppe im allgemeinen auch von den übrigen Ursachengruppen beeinflußt wird. Ein Beispiel möge dies näher erläutern. Es sei $\varphi(t)$ etwa der Lichtstromverbrauch. Wir machen die vereinfachende Annahme, daß der Stromverbrauch der einzelnen Personen derselbe ist, und daß ferner der Tagesverbrauch einer Person der Länge der Nächte proportional ist. Dann kann der Verbrauch einer Person mittels einer periodischen Funktion $p(t)$ mit der Periodenlänge von einem Jahr dargestellt werden.

Bezeichnet man den Mittelwert von $p(t)$ mit c und $\dfrac{p(t)}{c}$ mit $q(t)$,
ist ferner $A(t)$ die Anzahl der in Betracht kommenden Personen,
so ist der Gesamtverbrauch $\varphi(t) = cA(t)\,q(t)$, wobei $q(t)$ eine
periodische Funktion mit dem Mittelwert 1 ist. Unter diesen
Voraussetzungen wird man sagen, daß die Reihe $\varphi(t)$ sich nur
aus zwei Komponenten zusammensetzt, nämlich aus dem Trend
(sekuläre Bewegung) und der Saisonkomponente. Als Ursachengruppe kann für den Trend in diesem Falle bloß die Anzahl der
Personen, und für die Saisonkomponente die mit jährlicher
Periode variierende Länge der Nächte betrachtet werden. Definiert man die Wirkung einer Ursachengruppe gemäß a), so
ergibt sich als Saisonschwankung die Differenz $cA(t)\,q(t)$ —
— $cA(t)$, da offenbar statt $\varphi(t) = cA(t)\,q(t)$ die Reihe $cA(t)$
entstehen würde, falls die Wirkung der saisonmäßigen Ursachen
ausgeschaltet wäre.

Interpretiert man die Wirkung einer Ursachengruppe im
Sinne von b), dann ist die Saisonschwankung gleich 0, denn
der Umstand allein, daß die Länge der Nächte nicht konstant
ist, bedingt noch keinen Stromverbrauch. Wenn man dagegen
die Wirkung der Saison-Ursachengruppe gemäß c) versteht,
wobei die wirkliche Anzahl $A(t)$ der Personen etwa durch die
hypothetische Funktion $A'(t) \equiv 1$ ersetzt wird, so erhält man
als Saisonschwankung $cq(t) - c$.

Am zweckmäßigsten erscheint es, wenn man die Komponenten folgendermaßen definiert: Der Trend $\varphi_1(t)$ ist die Reihe,
die entstehen würde, falls bloß die Ursachengruppe U_1 wirksam
wäre. Bezeichnet $\psi(t)$ die Reihe, welche entstehen würde, falls
U_1 und U_2, aber nicht U_3 und U_4 wirksam wären, so ist $\psi(t)$ —
— $\varphi_1(t) = \varphi_2(t)$ die Konjunkturkomponente. Die Saisonkomponente $\varphi_3(t)$ ist gleich $\Phi(t) - \psi(t)$, wobei $\Phi(t)$ die Reihe bedeutet,
welche entstehen würde, falls die Wirkung von U_4 ausgeschaltet
wäre, und die irreguläre Schwankung $\varphi_4(t)$ sei schließlich gleich

$\varphi(t) - \Phi(t)$. Diese Definition der Komponenten hat den Vorteil, daß die Ursprungsreihe $\varphi(t)$ sich additiv aus den vier Komponenten zusammensetzt, also

$$\varphi(t) = \varphi_1(t) + \varphi_2(t) + \varphi_3(t) + \varphi_4(t).$$

Definiert man die Komponenten nicht im obigen Sinne, so wird, wie man leicht sieht, die Reihe $\varphi(t)$ im allgemeinen nicht der Summe der vier Komponenten gleich sein.

Ist die äußere Definition im obigen Sinne vollständig, so gibt es noch immer unüberwindliche Schwierigkeiten, die Reihenkomponenten auf Grund der gegebenen äußeren Definitionen zu ermitteln. Denn in den Wirtschaftswissenschaften kann man Experimente nicht einmal annähernd in dem Maße wie in den Naturwissenschaften durchführen. Es ist nicht möglich, die Ursachengruppen nach unserem Belieben zu variieren, oder die Wirkung gewisser Ursachengruppen überhaupt auszuschalten und so die Erscheinungen zu beobachten. Wir sind hauptsächlich auf die Beobachtung des tatsächlichen, von uns nicht beeinflußbaren Ablaufes der Erscheinungen angewiesen. Eine wichtige Erkenntnisquelle in den Wirtschaftswissenschaften ist auch die Betrachtung der psychologischen Grundlagen für das ökonomische Verhalten der einzelnen Individuen. Es ist jedoch kaum denkbar, daß die zur Verfügung stehenden Erkenntnisquellen es uns jemals ermöglichen werden, die Reihenkomponenten auf Grund äußerer Definitionen quantitativ genau zu bestimmen. Man wird bloß unvollständige Kenntnisse und mehr oder minder plausible Vermutungen über die Form der einzelnen Reihenkomponenten haben, die für die weitere Forschung keine geeignete Grundlage bilden. Um diese Schwierigkeiten zu überwinden, geht man — wie auch in den Naturwissenschaften gebräuchlich ist — folgendermaßen vor: Man ergänzt die unvollständigen Kenntnisse mit hypothetischen Annahmen, die dann bloß auf Grund der Daten der vorgelegten

Reihe die eindeutige Bestimmung ihrer Komponenten ermöglichen. Mit anderen Worten, die Reihenkomponenten werden als eindeutige Funktionen der Ursprungsreihe definiert. Eine solche Definition werden wir als „innere“ bezeichnen, da die Reihenkomponenten bloß auf. Grund der Daten der Ursprungsreihe definiert werden, ohne auf irgend welche äußere Erscheinungen Bezug zu nehmen. Die durch innere Definitionen gegebenen Komponenten werden wir auch innere Komponenten der Reihe nennen. Die innere Definition wird stets so gegeben, daß man ein System von Eigenschaften (genannt Hypothesen) der Reihenkomponenten postuliert, auf Grund derer man für jede vorgelegte Reihe ihre Komponenten bestimmen kann. Es ist klar, daß bei der Aufstellung der Hypothesen ein gewisses Maß von Willkür unvermeidlich ist, jedoch wird man an das System der Hypothesen gewisse Anforderungen stellen, denn sonst würde die Reihenanalyse bloß eine mathematische Spielerei sein, die für die Ökonomie gar keine Bedeutung hätte. Wir werden uns daher mit folgenden Fragen beschäftigen:

1. Welche Anforderungen sollen an das System der Hypothesen gestellt werden?

2. Nach welchem Schema geht man bei der Aufstellung der Hypothesen vor?

3. Was kann diese Methode für die Erforschung von ökonomischen Gesetzmäßigkeiten leisten, und wann werden die aufgestellten Hypothesen als fruchtbar betrachtet?

Wir werden von einem System von Hypothesen zunächst verlangen, daß es vollständig und widerspruchsfrei sei, worunter folgendes gemeint wird: Jede vorgelegte Reihe soll auf eine und nur auf eine Weise in Komponenten so zerlegt werden können, daß diese den aufgestellten Hypothesen genügen. Bloß diese Forderung zu stellen genügt offenbar noch keinesfalls, denn man kann mühelos verschiedene vollständige und widerspruchsfreie Systeme von Hypothesen aufstellen, die gar keine ökonomische Bedeutung haben. Die innere Definition der Reihenkomponenten soll ja als Ersatz für die äußere Definition dienen, und es soll zumindest nicht unwahrscheinlich erscheinen, daß die inneren Komponenten mit den entsprechenden äußeren übereinstimmen. Wir werden daher fordern, daß das System der Hypothesen, angewendet auf empirische statistische Reihen, stets nur Resultate liefere, die unserem Stand der Kenntnisse über das Wesen der äußeren Reihenkomponenten gut entsprechen und mithin die Annahme, daß die inneren Komponenten mit den entsprechenden äußeren übereinstimmen, als plausibel erscheint. Nur so kann man hoffen, daß die Analyse eine ökonomische Bedeutung haben wird und ihren Zweck, nämlich die Förderung unserer wirtschaftstheoretischen Kenntnisse, durch Aufdeckung von Gesetzmäßigkeiten und Zusammenhängen zwischen den einzelnen Komponenten ein und derselben Reihe oder verschiedener Reihen erreicht. Liefert die Analyse „innere" Komponenten, die mit unseren Kenntnissen über die entsprechenden äußeren Komponenten nicht im Einklang stehen, oder erscheint die Übereinstimmung der inneren Komponenten mit den entsprechenden äußeren zumindest als unwahrscheinlich, so wird man das System der aufgestellten Hypothesen modifizieren müssen.

Bei der Aufstellung von Hypothesen wird man im allgemeinen folgenden Weg einschlagen. Man wird zunächst für jede innere Komponente auf Grund allgemeiner Kenntnisse über die Natur der entsprechenden äußeren Komponente eine gewisse Funktionenklasse abgrenzen, der sie angehören muß; mit anderen Worten, die Funktionenklasse einer inneren Komponente wird jede Funktion enthalten, die mit unseren Kenntnissen über das Wesen der entsprechenden äußeren Komponenten verträglich ist. Dabei werden nur allgemeingültige Eigenschaften der äußeren Komponenten verwendet, die für jede Zeitreihe erfüllt sind. Einige Beispiele mögen dies erläutern. Jede periodische Funktion mit der Periodendauer von 12 Monaten wird offenbar in die Funktionenklasse der inneren Saisonschwankungen aufgenommen. Dagegen wird man etwa eine Sinusfunktion mit der Periodenlänge von zwei Jahren oder eine gerade Linie aus dieser Funktionenklasse ausschließen, denn es ist mit unseren allgemeinen Kenntnissen über das Wesen der äußeren Saisonschwankungen nicht verträglich, daß eine Gerade oder eine Sinuslinie mit zweijähriger Periode eine solche sei. Es wäre jedoch die Funktionenklasse der inneren Saisonschwankungen zu eng abgegrenzt, falls man sagen würde, daß sie nur periodische Funktionen mit der Periodenlänge von 12 Monaten enthält. Es ist wohl denkbar, daß sowohl die Intensität (Amplitude) als auch die Form der äußeren Saisonschwankungen in der Zeit durch Einwirkung der übrigen Komponenten gewisse Änderungen erfährt.

Ein weiteres Beispiel: Eine Gerade ist wohl eine mögliche Trendlinie, dagegen kann eine Sinuslinie mit einer kurzen Periodenlänge (von etwa einigen Monaten) nicht als Trend betrachtet werden, denn es liegt im Wesen der sekulären Ursachen, daß die durch sie bedingte Bewegung keine kurzperiodische Funktion sein kann. In die Funktionenklasse der Trendlinien werden also sicherlich sämtliche Geraden aufgenommen, dagegen wird man eine Sinuslinie mit kurzer Periodendauer ausschließen.

Ist die Begrenzung der Funktionenklassen für jede der Komponenten schon gegeben, so ist noch notwendig, eine zweite Gruppe von Hypothesen aufzustellen, die es gestatten, für jede vorgelegte Zeitreihe zu bestimmen, welche Funktion aus der Funktionenklasse die innere Komponente der vorgelegten Zeitreihe sei. Man bestimmt z. B. oft den Trend einer Zeitreihe so, indem man aus der Funktionenklasse des Trends jene Funktion auswählt, welche sich an die Ursprungsreihe am besten an-

schmiegt, d. h. für welche die Summe der Abweichungsquadrate
ein Minimum ist.

Wir wollen uns schließlich noch mit der Frage beschäftigen,
wann die aufgestellten Hypothesen als fruchtbar betrachtet
werden können. Es ist klar, daß die Frage, ob die inneren
Komponenten mit den entsprechenden äußeren Komponenten
genau übereinstimmen, nicht (wenigstens nicht im positiven
Sinne) entschieden werden kann, denn zu diesem Zweck müßte
man die äußeren Komponenten empirisch quantitativ bestimmen, was im allgemeinen nicht möglich ist. Dies war ja
eben der Anlaß zur Einführung der inneren Definitionen. Die
genaue quantitative Bestimmung der äußeren Komponenten
ist ein unerreichbarer Idealfall. Dagegen besteht die Möglichkeit
der Auffindung von Gesetzmäßigkeiten, die zwischen den inneren
Komponenten einer und derselben Reihe oder verschiedener
Reihen bestehen. Solche Gesetze sind empirisch nachprüfbar, da
die statistischen Reihen und mithin auch ihre inneren Komponenten empirisch gegeben sind; daher sind die behaupteten
Gesetzmäßigkeiten überprüfbar. Wir werden sagen, daß die
aufgestellten Hypothesen sich als fruchtbar erweisen, falls
es gelingt, Gesetzmäßigkeiten und Zusammenhänge zwischen
den inneren Komponenten einer und derselben Reihe oder
verschiedener Reihen zu finden, die sich gut bewähren, d. h.
daß sie sich in allen weiteren Beobachtungen immer bestätigen.

Die äußeren Definitionen dienen bloß als heuristisches
Prinzip für die Aufstellung von inneren Definitionen, denn nur
so hat man die Erwartung, daß die inneren Definitionen sich
im obigen Sinne als fruchtbar erweisen werden. Alle Gesetzmäßigkeiten und Zusammenhänge, die man findet, beziehen
sich streng genommen nur auf die inneren Komponenten.
Man wird freilich geneigt sein, diese Gesetzmäßigkeiten auf
die entsprechenden äußeren Komponenten zu übertragen, und

zwar um so eher, je fruchtbarer sich die Hypothesen erweisen. Diese Identifizierung der inneren Komponenten mit den entsprechenden äußeren kann aber empirisch nie nachgewiesen werden, und sie wird bloß als heuristisches Prinzip für die weitere Forschung verwendet.

Wir schließen hiemit unsere allgemeinen Bemerkungen und wenden uns im nächsten Kapitel dem Problem der Saisonschwankungen im engeren Sinne zu.

ZWEITES KAPITEL

ÜBER DAS WESEN DER SAISONSCHWANKUNGEN UND IHRE AUSSCHALTUNG

Für die Berechnung und Ausschaltung der Saisonschwankungen wurden verschiedene Methoden entwickelt. Jede Berechnungsmethode liefert zugleich eine *innere* Definition der Saisonschwankung, denn sie gestattet, die Saisonschwankung bloß auf Grund der Daten der vorliegenden Reihe eindeutig zu bestimmen. Von einer Berechnungsmethode wird verlangt, daß sie nur Resultate liefere, die mit unseren Kenntnissen über das Wesen der entsprechenden äußeren Komponenten gut im Einklang stehen, so daß die Übereinstimmung der inneren Saisonschwankung mit der entsprechenden äußeren zumindest nicht als unwahrscheinlich erscheint. Bei den üblichen Methoden, die in der Konjunkturstatistik verwendet werden, ist dies kaum der Fall; immer ergeben sich empirische Reihen, wo sie versagen. Man ist daher bemüht, die alten Methoden zu modifizieren oder neue zu entwickeln, die auch in den schwierigen Fällen, wo die früheren Methoden versagt haben, gute Resultate liefern. Um über die hier bestehenden Schwierigkeiten und Probleme einen Überblick zu gewinnen, werden wir einige bekannte Berechnungsmethoden besprechen, ohne dabei auf Vollständigkeit Anspruch zu erheben. Wir werden in unseren Betrachtungen auf besondere Einzelheiten nicht eingehen und begnügen uns bloß mit grundsätzlichen Bemerkungen.

In dem Folgenden sei der Einfachheit halber angenommen,

daß die statistischen Daten monatlich für n Jahre gegeben seien. Bezeichnet $A(t)$ irgend eine Funktion der Zeit, so soll A_{ik} den Wert von $A(t)$ im k-ten Monat des i-ten Jahres bedeuten.

Die üblichen Berechnungsmethoden können in zwei Klassen eingeteilt werden, und zwar in die Methoden der *starren* und die der *beweglichen* Systeme. Den Methoden starren Systems liegt entweder die Annahme zugrunde, daß die Saisonschwankung $s(t)$ eine periodische Funktion mit dem Mittelwert 0 und der Periodenlänge von 12 Monaten ist, oder es wird die Annahme gemacht, daß die Saisonschwankung $s(t)$ von der Form $f(t)\,p(t)$ ist, wobei $p(t)$ eine periodische Funktion mit dem Mittelwert 0 und der Periodenlänge von 12 Monaten ist, und $f(t)$ den Trend oder die Ursprungsreihe oder die Resultierende von Trend und Konjunkturbewegung bedeutet. Die periodische Funktion $p(t)$ wird in beiden Fällen als Saisonnormale bezeichnet. Wird $s(t) = p(t)$ angenommen, so nennt man die Werte von $p(t)$ *Saisonveränderungszahlen*, denn sie geben an, um wieviel der saisonmäßige Wert von dem saisonbereinigten abweicht. Im Falle, daß die Annahme $s(t) = f(t)\,p(t)$ gemacht wird, führt man *Saisonindexziffern* ein, die angeben, wieviel Prozent der von den Saisonschwankungen bereinigten Werte $f(t)$ die entsprechenden unbereinigten Werte $f(t) + f(t)\,p(t)$ ausmachen. Die Saisonindexziffern sind also die 12 Monatswerte von $100\,(1 + p(t))$.

In den Methoden beweglichen Systems wird die einschränkende Annahme, daß die Saisonschwankung durch starre Saisonveränderungszahlen oder Saisonindexziffern darstellbar ist, nicht mehr aufrecht erhalten; es wird vielmehr zugelassen, daß die Saisonveränderungszahlen, bzw. die Saisonindexziffern im Laufe der Zeit verschiedenen systematischen Veränderungen unterworfen sind. Der Grund dafür, daß man auch Methoden beweglichen Systems zur Erfassung der Saisonschwankung ausgearbeitet hat, lag darin, daß für viele empirische Reihen die Methoden starren Systems versagt haben, d. h. daß sie Resultate lieferten, die mit unseren Kenntnissen über das Wesen der Reihenkomponenten nicht im Einklang standen, oder zumindest als sehr unwahrscheinlich erschienen.

Wir beginnen mit der Betrachtung einiger Methoden starren Systems.[1]) Allen diesen Methoden ist gemeinsam, daß die Saisonveränderungszahlen, bzw. die Saisonindexziffern durch gewisse Mittelwertbildungen bestimmt werden.

Die älteste und einfachste Methode ist das Monatsdurchschnittsverfahren. In Amerika hat sie besonders KEMMERER[2]) verwendet und sie wird auch als „KEMMERER-Methode" bezeichnet. Nach dieser Methode berechnet man die Saisonschwankung folgendermaßen: Bezeichnet $\varphi(t)$ die Ursprungsreihe, monatlich für n Jahre gegeben, so bildet man für jeden Monat k $(k = 1, \ldots, 12)$ das arithmetische Mittel

$$\varphi_k = \frac{\sum\limits_{i=1}^{n} \varphi_{ik}}{n}.$$

Die Saisonveränderungszahlen p_k $(k = 1, \ldots, 12)$ erhält man aus der Gleichung

$$p_k = \varphi_k - \frac{\sum\limits_{k=1}^{12} \varphi_k}{12} \quad (k = 1, \ldots, 12).$$

Die Saisonschwankung $s_{ik} = p_k$ $(i = 1, \ldots, n;\ k = 1, \ldots, 12)$ ist also eine periodische Funktion mit der Periodenlänge von

---

[1]) Eine ausführliche Darstellung und eingehende Kritik der verschiedenen Saisonmethoden starren und beweglichen Systems befindet sich in der Abhandlung von O. DONNER: Die Saisonschwankungen als Problem der Konjunkturforschung. Vierteljahrshefte zur Konjunkturforschung, Sonderheft 6, Berlin 1928. Vgl. hiezu auch die Ausführungen von K. F. MÖLLERING: Ein Beitrag zu den Theorien und Methoden der Konjunkturstatistik, Inaugural-Dissertation, Leipzig 1935, S. 70—94.

[2]) E. W. KEMMERER: Seasonal Variation in the Relative Demand for Money and Capital in the U. S. A. Washington 1910.

12 Monaten und dem Mittelwert 0. Diese Methode hat den Vorzug, daß sie rechnerisch außerordentlich einfach ist. Der Londoner Wirtschaftsdienst verwendet unter anderem auch dieses Verfahren.[1])

Die Methode beruht im wesentlichen auf folgenden zwei Voraussetzungen:

1. Die Saisonschwankung ist eine periodische Funktion mit der Periodenlänge von 12 Monaten.

2. Bezeichnet $F(t)$ den Trend, $K(t)$ die Konjunkturbewegung und $Z(t)$ die irreguläre Komponente, so ist

$$\frac{\sum\limits_{i=1}^{n}(F_{ik}+K_{ik}+Z_{ik})}{n} = \varphi_0 \quad (k=1,\ \ldots,\ 12),$$

wobei φ_0 das arithmetische Mittel $\dfrac{\sum\limits_{i=1}^{n}\sum\limits_{k=1}^{12}\varphi_{ik}}{12\,n}$ der Reihe $\varphi(t)$ bedeutet.

Nun kann offenbar die Voraussetzung 2 nicht postuliert werden, falls die Reihe $\varphi(t)$ eine starke sekuläre Bewegung aufweist. Um den störenden Einfluß des Trends zu eliminieren, hat man an den Monatsmittelwerten φ_k gewisse Korrekturen angebracht. Dieser Weg wurde unter anderem vom Londoner Wirtschaftsdienst (BOWLEY III und IV), DAVIES,[2]) CHADDOCK,[3])

---

[1]) London and Cambridge Economic Service, Special Memorandum Nr. 7: A. L. BOWLEY and K. C. SMITH: Seasonal Variations. Der Londoner Wirtschaftsdienst verwendet 7 Verfahren zur Berechnung der Saisonschwankungen, die auch mit BOWLEY I—VII bezeichnet werden. Die KEMMERERsche Methode ist das Verfahren I des Londoner Wirtschaftsdienstes.

[2]) G. R. DAVIES: Introduction to Economic Statistics, New York 1922, S. 116.

[3]) R. E. CHADDOCK: Principles and Methods of Statistics, Boston 1925.

WESTERGAARD,[1]) KING[2]) eingeschlagen. Wir wollen darauf nicht näher eingehen, da diese Fragen bereits genügend behandelt wurden und verweisen auf die Literatur.

Ein anderer Weg wurde von HALL[3]) und FALKNER[4]) gewählt. Nach der HALL-FALKNER-Methode wird zunächst der Trend berechnet und aus den (absoluten oder perzentuellen) Abweichungen der Ursprungswerte von den entsprechenden Trendwerten durch gewisse Mittelwertbildungen die Saisonveränderungszahlen, bzw. Saisonindexziffern bestimmt. Auf diese Weise wird der störende Einfluß des Trends vollkommen ausgeschaltet.

Unter den Saisonberechnungsmethoden starren Systems gelten als die genauesten das Gliedbildungsverfahren und die Methode der gleitenden Durchschnitte. Besonders verbreitet ist die Verwendung des Gliedbildungsverfahrens, das von W. M. PERSONS[5]) entwickelt wurde.

Es ist an dieser Methode vielfach Kritik geübt worden, vor allem von O. ANDERSON.[6])

Wir wollen hier nicht auf Einzelheiten eingehen und werden bloß die Grundgedanken der Methode darlegen.

Es wird die Annahme gemacht, daß die Saisonschwankung $s(t)$ von der Form $f(t)\,p(t)$ ist, wobei $p(t)$ eine periodische Funktion mit der Periodendauer von 12 Monaten und dem Mittelwert 0

---

[1]) H. WESTERGAARD: On Periods in Economic Life, Metron, Vol. V, Nr. 1, v. I. VI. 1925, S. 7.

[2]) W. J. KING: An improved Method for Measuring the Seasonal Factor, Journ. Amer. Statist. Ass., 1924.

[3]) LINCOLN W. HALL: Seasonal Variations as a Relative of Secular Trend, Journ. Amer. Statist. Ass., Bd. XIX.

[4]) HELEN O. FALKNER: The Measurement of Seasonal Variations, ebenda.

[5]) W. M. PERSONS: Correlation of Time Series, Journ. Amer. Statist. Ass., Vol. XVIII, 1923, S. 713.

[6]) O. ANDERSON: Zur Problematik der empirisch-statistischen Konjunkturforschung, Veröffentlichungen der Frankfurter Gesellschaft für Konjunkturforschung, Heft 1. Bonn 1929.

darstellt und $f(t)$ den Trend oder die aus Trend und Konjunktur-bewegung resultierende Reihe bedeutet. Die Aufgabe ist also, die 12 Saisonindexziffern $I_k = 100\,(1+p_k)$ $(k=1,\ldots,12)$ zu bestimmen. Zu diesem Zweck bildet man die Gliedziffern

$$G_{ik} = 100\,\frac{\varphi_{ik}}{\varphi_{i\,k-1}} \quad (i=1,\ldots,n;\ k=1,\ldots,12).$$

Für jedes k $(k=1,\ldots,12)$ betrachtet man die Reihe

$$G_{1k},\,G_{2k},\,\ldots,\,G_{nk}. \tag{*}$$

Es wird angenommen, daß man durch geeignete Mittelwert-bildung die Einflüsse der übrigen Komponenten eliminieren kann und mithin der gewonnene Mittelwert der Reihe (*) gleich $100\,\dfrac{I_k}{I_{k-1}}$ ist.

Bezüglich der Art der Mittelwertbildung wird folgender-maßen argumentiert: Ein reines arithmetisches oder geometri-sches Mittel aus den Zahlen der Reihe (*) zu bilden, wird im all-gemeinen nicht angebracht sein, da in der Reihe (*) oft auch starke Extremwerte auftreten, die sicherlich nicht saison-mäßigen Einflüssen zuzuschreiben sind und deren Verwendung für die Mittelwertbildung den Mittelwert wesentlich verzerren würde. PERSONS selbst schlägt vor, den Zentralwert der Reihe (*) zu nehmen. Dies hat aber den Nachteil, daß, falls die mittleren Werte nicht sehr dicht an dem Zentralwert liegen, sich bei Hinzufügung eines neuen Gliedes der Zentralwert schon wesent-lich ändert. In der Praxis hat es sich eingebürgert, erweiterte Zentralwerte oder bereinigte Durchschnitte zu verwenden. Unter dem erweiterten Zentralwert versteht man den Durch-schnitt einer mittleren Gruppe, und ein bereinigter Durchschnitt bedeutet den Durchschnitt aller Werte mit Ausnahme von besonders starken Extremwerten. Es sei r_k der Mittelwert (erweiterter Zentralwert oder bereinigter Durchschnitt oder irgendein anderer Mittelwert) der Reihe $G_{1k},\,\ldots,\,G_{nk}$ $(k=1,\ldots$

..., 12). Aus den Zahlen $r_1, \ldots, r_{12}$ werden durch fortschreitende Multiplikation die Kettenzahlen $c_1, \ldots, c_{12}$ gebildet, und zwar

$$c_1 = r_1, \quad c_2 = \frac{c_1 r_2}{100}, \quad c_3 = \frac{c_2 r_3}{100}, \quad \ldots, c_{12} = \frac{c_{11} r_{12}}{100}.$$

Sollten durch die Mittelwertbildung alle außersaisonmäßigen Einflüsse eliminiert worden sein, so müßte r_k offenbar gleich $100 \frac{I_k}{I_{k-1}}$ und mithin $c_{12} = 100$ sein. Nun wird im allgemeinen $c_{12} \neq 100$ sein. Diese Diskrepanz wird nach PERSONS dem Umstande zugeschrieben, daß durch die Mittelwertbildung r_k ($k = 1, 2, \ldots, 12$) der Trendeinfluß nicht vollständig eliminiert wurde und mithin $r_k \neq 100 \frac{I_k}{I_{k-1}}$ ist. Um diese Schwierigkeit zu beheben, wird eine Korrektur der Kettenziffern vorgeschlagen. Der korrigierte Wert c_k' von c_k wird durch die Formel gegeben

$$c_k' = c_k \left(\frac{100}{c_{12}} \right)^{\frac{k}{12}}. \quad (k = 1, \ldots, 12).$$

Für die Saisonindexziffer I_k ergibt sich dann:

$$I_k = 1200 \frac{c_k'}{\sum_{\nu=1}^{12} c_\nu'}.$$

Den saisonbereinigten Wert erhält man, indem man den Ursprungswert φ_{ik} durch die entsprechende Saisonindexziffer I_k dividiert.

Von den verschiedenen Annahmen, welche dieser Methode zugrunde liegen, ist vor allem die Voraussetzung zu erwähnen, daß die Saisonschwankung $s(t)$ gleich $f(t) \, p(t)$ ist, wobei $p(t)$ eine periodische Funktion mit der Periodenlänge von 12 Monaten ist und $f(t)$ den Trend oder die Summe der sekulären und der Konjunkturbewegung bedeutet. Diese Annahme ist sicherlich ökonomisch nicht genügend gerechtfertigt.[1] Eine entsprechende

---

[1] Vgl. hiezu auch ANDERSON: Zur Problematik..., S. 12.

Kritik gilt aber jeder Saisonmethode starren Systems. Wir werden daher auf diese Frage erst nach Besprechung der übrigen Methoden zurückkommen.

Die weiteren Einwendungen bezüglich der Berechnung der Saisonindizes beziehen sich hauptsächlich auf die Bildung der Kettenziffern und die Korrektur derselben.[1]) Die Gliedziffern selbst sind mit gewissen systematischen Fehlern behaftet. Damit diese Fehler in der Endformel für die Indexziffern, die eine verwickelte Funktion der Gliedziffern ist, sich nicht zur Herbeiführung eines beträchtlichen Fehlers häufen, muß man sehr vereinfachende Hypothesen über das Verteilungsgesetz der Fehler und über die Reihenkomponenten annehmen. Insbesondere involviert die Art der Korrektur der Kettenziffern, wie ANDERSON zeigt,[2]) die Annahme, daß die Trendwerte eine geometrische Reihe bilden. Wir glauben jedoch, daß diese Einwände nicht besonders schwerwiegender Natur sind, da in den meisten praktischen Fällen hiedurch keine allzu großen Fehler entstehen. Dagegen führt die Annahme, daß die Saisonschwankung von der Form $f(t)\,p(t)$ ist, in manchen praktischen Fällen, wie später noch gezeigt wird, zu absurden Resultaten.

Wir wollen noch einiges über die Beziehung des Gliedbildungsverfahrens zu dem rechentechnisch besonders einfachen Monatsdurchschnittsverfahren (KEMMERER-Methode) bemerken.

Bildet man statt des erweiterten Zentralwertes oder des bereinigten Durchschnittes das geometrische Mittel[3]) der Gliedziffern $G_{1k}, \ldots, G_{nk}$, wie es auch beim Londoner Wirtschafts-

---

[1]) O. ANDERSON: Zur Problematik..., S. 16—18.
[2]) O. ANDERSON: Zur Problematik..., S. 17.
[3]) Vgl. hiezu auch RIETZ-BAUR: Handbuch der mathematischen Statistik, S. 204.

dienst gebräuchlich ist (Methode BOWLEY VII), so erhält man für r_k offenbar den folgenden Ausdruck

$$r_k = 100 \sqrt[n]{\frac{\prod\limits_{i=1}^{n} \varphi_{ik}}{\prod\limits_{i=1}^{n} \varphi_{ik-1}}} \quad (k = 1, \ldots, 12),$$

wobei unter φ_{i0} für $i > 1$ $\varphi_{i-1,\,12}$ und unter $\varphi_{1,\,0}$ der dem Januarwert des ersten Jahres vorangehende Dezemberwert, den wir auch mit $\varphi_{0,\,12}$ bezeichnen werden, verstanden wird. Für die Kettenziffern erhält man der Reihe nach die folgenden Werte:

$$c_1 = 100 \sqrt[n]{\frac{\prod\limits_{i=1}^{n} \varphi_{i,1}}{\prod\limits_{i=1}^{n} \varphi_{i,0}}}, \quad c_2 = 100 \sqrt[n]{\frac{\prod\limits_{i=1}^{n} \varphi_{i,2}}{\prod\limits_{i=1}^{n} \varphi_{i,0}}}, \ \ldots$$

$$\ldots, c_{12} = 100 \sqrt[u]{\frac{\prod\limits_{i=1}^{n} \varphi_{i,12}}{\prod\limits_{i=1}^{n} \varphi_{i,0}}} = 100 \sqrt[n]{\frac{\varphi_{n,12}}{\varphi_{0,12}}}.$$

Wie man sieht, ist im allgemeinen $c_{12} \neq 100$. Die korrigierten Kettenziffern ergeben sich aus den Gleichungen

$$c_k' = c_k \left(\frac{\varphi_{0,12}}{\varphi_{n,12}}\right)^{\frac{k}{12n}} \quad (k = 1, \ldots, 12).$$

Bezeichnet man das geometrische Mittel der k-ten Monatswerte mit g_k, so ergibt sich für die Saisonindexziffer I_k folgender Ausdruck:

$$I_k = 1200 \frac{g_k \left(\dfrac{\varphi_{0,12}}{\varphi_{n,12}}\right)^{\frac{k}{12n}}}{\sum\limits_{k=1}^{12} g_k \left(\dfrac{\varphi_{0,12}}{\varphi_{n,12}}\right)^{\frac{k}{12n}}} \quad (k = 1, \ldots, 12). \tag{I}$$

Verzichtet man auf eine Korrektur der Kettenziffern, so erhält man für I_k den einfachen Ausdruck:

$$I_k = 1200 \frac{g_k}{\sum\limits_{k=1}^{12} g_k} \quad (k = 1, \ldots, 12). \tag{II}$$

Die Formel II entspricht der KEMMERERschen Methode, mit dem Unterschied, daß statt des arithmetischen Mittels das geometrische Mittel der einzelnen Monatsreihen gebildet und statt Saisonveränderungszahlen Saisonindexzahlen berechnet werden. Wir wollen die Berechnungsmethode nach Formel II als geometrisches Monatsdurchschnittsverfahren und die eigentliche KEMMERERsche Methode als arithmetisches Monatsdurchschnittsverfahren bezeichnen. Die Formel II geht in die Formel I über, wenn man in (II) die geometrischen Mittelwerte g_k durch die mit Trendkorrektur versehenen Werte $g'_k = g_k \left(\dfrac{\varphi_{0,12}}{\varphi_{n,12}} \right)^{\frac{k}{12\,n}}$ ersetzt. Die Berechnungsmethode nach I ist also nicht anders als das geometrische Monatsdurchschnittsverfahren mit einer gewissen Trendkorrektur. Wir können daher sagen: *Bildet man aus den Gliedziffern das geometrische Mittel, so liefert das Gliedbildungsverfahren genau dieselben Ergebnisse wie das geometrische Monatsdurchschnittsverfahren mit einer gewissen Trendkorrektur.* Der Vorzug des Gliedbildungsverfahrens gegenüber dem rechentechnisch besonders einfachen Monatsdurchschnittsverfahren besteht hauptsächlich darin, daß beim ersteren auf Grund von Häufigkeitstabellen der Gliedziffern eine passende Auswahl der Art der Mittelwertbildung möglich ist. In den Fällen, wo die Gliedziffern keine allzu starke Streuung aufweisen, führt jede der üblichen Mittelwertbildungen praktisch zum selben Resultat und mithin kann in solchen Fällen auch das einfache Monatsdurchschnittsverfahren angewendet werden.

Wir wollen noch kurz die *Verfahren beweglicher Durchschnitte* beschreiben. Man bildet zunächst den gleitenden 12-Monatsdurchschnitt $\varphi^*(t)$ der Ursprungsreihe $\varphi(t)$. Es gilt also

$$\varphi_{ik}^* = \frac{\varphi_{ik-6} + 2\,(\varphi_{ik-5} + \cdots + \varphi_{ik} + \cdots + \varphi_{ik+5}) + \varphi_{ik+6}}{24},$$

wobei statt φ_{ij} für $j \leqq 0$ $\varphi_{i-1,\,j+12}$ und für $j > 12$ $\varphi_{i+1,\,j-12}$ zu schreiben ist. Man bildet dann für jeden Monat k entweder die Reihe

$$\varphi_{1k} - \varphi_{1k}^*, \quad \varphi_{2k} - \varphi_{2k}^*, \quad \ldots, \quad \varphi_{nk} - \varphi_{nk}^*, \qquad (*)$$

oder die Reihe

$$100\,\frac{\varphi_{1k}}{\varphi_{1k}^*}, \quad 100\,\frac{\varphi_{2k}}{\varphi_{2k}^*}, \quad \ldots, \quad 100\,\frac{\varphi_{nk}}{\varphi_{nk}^*}, \qquad (**)$$

je nachdem, ob die Saisonschwankung von der Form $p(t)$ oder von der Form $\varphi^*(t)\,p(t)$ vorausgesetzt wird. Im ersten Falle werden aus den Reihen (*) durch passende Mittelwertbildung (erweiterter Zentralwert, bereinigter Durchschnitt) die Saisonveränderungszahlen und im zweiten Falle aus den Reihen (**) die Saisonindexzahlen berechnet. Diese Methode wird vom Federal Reserve Board verwendet und in der Literatur auch als MACAULAY-Methode bezeichnet. Wer der Urheber der Methode ist, steht jedoch nicht mit Sicherheit fest. Der Londoner Wirtschaftsdienst verwendet auch diese Methode in zwei veränderten Formen. Sie werden mit BOWLEY II und V bezeichnet.[1] Nach der Methode BOWLEY II werden Saisonveränderungszahlen berechnet. Die Methode entspricht genau der vorher beschriebenen, nur mit dem einzigen Unterschied, daß aus den Gliedern der Reihe (*) stets das reine arithmetische Mittel gebildet wird, ohne Rücksicht auf das Aussehen der Streuungstabelle. Nach der Methode BOWLEY V werden entsprechend

---

[1] Vgl. London and Cambridge Economic Service, Special Memorandum Nr. 7.

dem MACAULAYschen Verfahren Saisonindexziffern aus den Reihen (**) berechnet, mit dem Unterschiede, daß statt des arithmetischen Mittels stets das geometrische Mittel verwendet wird. Demnach ist φ_{ik}^{*} nicht das arithmetische, sondern das geometrische Mittel der entsprechenden Nachbarglieder von φ_{ik}. Ebenso bildet man aus den Gliedern der Reihe (**) nicht das arithmetische, sondern das geometrische Mittel.

Wir zeigen nun, daß die Methode BOWLEY II praktisch dieselben Resultate liefert wie das einfache arithmetische Monatsdurchschnittsverfahren mit einer gewissen einfachen Korrektur, falls die Anzahl der Jahre n, für welche die betrachtete Reihe gegeben ist, genügend lang ist. Bezeichnet man die Saisonveränderungszahlen mit a_k $(k = 1, \ldots, 12)$, so ergibt sich

und
$$
\left.
\begin{aligned}
a_k &= \frac{\sum\limits_{i=2}^{n} \varphi_{ik} - \varphi_{ik}^{*}}{n-1} \quad \text{für } k \leqq 6 \\[2ex]
a_k &= \frac{\sum\limits_{i=1}^{n-1} \varphi_{ik} - \varphi_{ik}^{*}}{n-1} \quad \text{für } k > 6,
\end{aligned}
\right\} \tag{1}
$$

da die Werte von $\varphi^{*}(t)$ für die ersten und die letzten sechs Monate nicht berechnet werden können. Aus dieser Gleichung folgt dann für $k \leqq 6$

$$
a_k = \frac{\sum\limits_{i=2}^{n} \varphi_{ik}}{n-1} - \frac{\sum\limits_{i=2}^{n-1}\sum\limits_{k=1}^{12} \varphi_{ik}}{12(n-1)} -
$$
$$
\frac{\frac{1}{2}\varphi_{1\,k+6} + \varphi_{1\,k+7} + \cdots + \varphi_{1\,12} + \varphi_{n\,1} + \cdots + \varphi_{n\,k+5} + \frac{1}{2}\varphi_{n\,k+6}}{12(n-1)}
$$

und für $k > 6$

$$
a_k = \frac{\sum\limits_{i=1}^{n-1} \varphi_{ik}}{n-1} - \frac{\sum\limits_{i=2}^{n-1}\sum\limits_{k=1}^{12} \varphi_{ik}}{12(n-1)} -
$$
$$
\frac{\frac{1}{2}\varphi_{1\,k-6} + \varphi_{1\,k-5} + \cdots + \varphi_{1\,12} + \varphi_{n\,1} + \cdots + \varphi_{n\,k-7} + \frac{1}{2}\varphi_{n\,k-6}}{12(n-1)} .
$$

In den praktischen Fällen begeht man — falls n genügend groß ist — einen vernachlässigbar kleinen Fehler, wenn man in den obigen Gleichungen φ_{1j} $(j = 1, \ldots, 12)$ durch $\varphi_1 = \dfrac{\sum\limits_{k=1}^{12} \varphi_{1k}}{12}$ und φ_{nj} $(j = 1, \ldots, 12)$ durch $\varphi_n = \dfrac{\sum\limits_{j=1}^{12} \varphi_{nj}}{12}$ ersetzt.[1]) Man erhält dann, wie man leicht bestätigen kann, die folgende Gleichung:

$$a_k = \frac{\sum\limits_{i=2}^{n-1} \varphi_{ik}}{n-1} - \frac{\sum\limits_{i=2}^{n-1} \sum\limits_{k=1}^{12} \varphi_{ik}}{12(n-1)} + \frac{(6{\cdot}5 - k)(\varphi_n - \varphi_1)}{12(n-1)} \quad (k = 1, \ldots, 12). \quad (2)$$

Die Bestimmung der Werte a_k auf Grund der Gleichungen (2) erfordert erheblich weniger Rechenarbeit als die Berechnung von a_k auf Grund der Gleichungen (1).

Betrachtet man die Reihe $\varphi(t)$ nur vom zweiten bis zum $n{-}1$-ten Jahr und bildet man für sie die Saisonveränderungszahlen b_k $(k = 1, \ldots, 12)$ nach dem arithmetischen Monatsdurchschnittsverfahren, so erhält man

$$b_k = \frac{\sum\limits_{i=2}^{n-1} \varphi_{ik}}{n-2} - \frac{\sum\limits_{i=2}^{n-1} \sum\limits_{k=1}^{12} \varphi_{ik}}{12(n-2)}.$$

Wegen (2) gilt dann

$$a_k = \frac{n-2}{n-1}\, b_k + \frac{(6{\cdot}5 - k)(\varphi_n - \varphi_1)}{12(n-1)} \quad (k = 1, \ldots, 12).$$

Die Werte a_k gehen also aus den Werten b_k durch eine einfache Korrektur hervor.

---

[1]) Der begangene Fehler wird offenbar um so kleiner sein, je größer n ist und je kleiner die Schwankung der Reihe $\varphi(t)$ im ersten und im letzten Jahre (d. i. die Differenz zwischen Maximal- und Minimalwert von $\varphi(t)$ im ersten, bzw. im letzten Jahre) ist.

Analog ergibt sich, daß die nach der Methode BOWLEY V berechneten Saisonindexziffern ebenfalls durch eine einfache Korrektur aus den durch das geometrische Monatsdurchschnittsverfahren bestimmten Indexziffern mit praktischer Genauigkeit gewonnen werden können.

Wir können also zusammenfassend sagen: *Verwendet man in dem Gliedbildungsverfahren oder in dem Verfahren der gleitenden Durchschnitte eine bestimmte Art der Mittelwertbildung, so erhält man Resultate, die durch eine einfache Korrektur aus den nach dem geometrischen, bzw. arithmetischen Monatsdurchschnittsverfahren berechneten Werten hervorgehen* (Formel I und 2). Ist die Streuung der Gliedziffern, bzw. der Abweichungen der Ursprungswerte von ihren gleitenden 12-Monatsdurchschnitten, nicht groß, so führen die üblichen Mittelwertbildungen praktisch zum selben Ergebnis, und mithin kann das einfache Monatsdurchschnittsverfahren mit einer gewissen Korrektur (Formel I, bzw. 2) zur Berechnung der Saisonschwankungen verwendet werden. Der Vorzug des Gliedbildungsverfahrens und des Verfahrens der gleitenden Durchschnitte gegenüber dem Monatsdurchschnittsverfahren besteht im wesentlichen darin, daß es möglich ist, an Hand von Streuungstabellen die passende Art der Mittelwertbildung zu bestimmen und dadurch den störenden Einfluß von Extremwerten, die sicherlich nicht saisonmäßigen Einflüssen zuzuschreiben sind, auszuschalten.

Der Haupteinwand gegen alle Methoden starren Systems besteht darin, daß die Voraussetzung, die Saisonschwankung sei eine periodische Funktion $p(t)$ oder von der Form $p(t)\,f(t)$, wobei $f(t)$ den Trend oder die Summe von Trend und Konjunkturbewegung bedeutet, nicht gerechtfertigt ist.

Es wurde eingangs dieses Kapitels bereits erwähnt, daß der Grund dafür, daß man auch Methoden beweglichen Systems zur Berechnung der Saisonschwankungen ausgearbeitet hat, darin bestand, daß für viele empirische Reihen die Methoden starren Systems versagt haben, d. h. daß sie Resultate lieferten, die mit unseren Kenntnissen über das Wesen der Reihenkomponenten nicht im Einklang standen. Nun wollen wir genauer untersuchen, was für Kriterien man im allgemeinen tatsächlich zur Beurteilung der Güte der Resultate verwendet. Zu diesem Zweck betrachten wir die Differenz $\varrho(t)$ zwischen der saisonbereinigten Reihe und dem gleitenden 12-Monatsdurchschnitt der Ursprungsreihe. Man wird an $\varrho(t)$ zweifellos die Forderung stellen, daß sie keine deutlichen Spuren von Saisonbewegungen aufweise, worunter folgendes gemeint wird:[1] Es soll *erstens* kein längeres Zeitintervall geben, in welchem $\varrho(t)$ eine deutliche, mit der berechneten Saisonschwankung parallele oder gegenläufige Bewegung aufweist; *zweitens* sollen keine Jahreskurven[2] von $\varrho(t)$ existieren, die zueinander stark linear korreliert sind, und *drittens* soll es keine längere Gruppe von nacheinanderfolgenden Jahren geben, für welche in einem bestimmten Monat k $\varrho(t)$ größere positive oder dem absoluten Betrage nach größere negative Werte aufweist. Es ist nämlich außerordentlich unwahrscheinlich, daß die nicht saisonmäßigen Ursachengruppen derartige Regelmäßigkeiten von $\varrho(t)$ hervorrufen könnten. Ob die eventuell in $\varrho(t)$ gefundenen Regelmäßigkeiten der oben erwähnten Art schon so stark sind, daß sie als in $\varrho(t)$ noch vorhandene Reste der Saisonbewegung gewertet werden sollen, wird meistens subjektiv beurteilt. Als objektives Kriterium könnte man angeben, daß die oben erwähnten Regelmäßigkeiten dann als Reste der Saisonschwankung gedeutet werden sollen, falls diese in stärkerem Maße auftreten, als es in einer zufälligen Reihe noch zulässig ist. Die theoretische Statistik liefert hiefür Kriterien, jedoch würde dies einerseits sehr umfangreiche Rechnungen notwendig machen, anderseits wären die Resultate

---

[1] Wir sprechen über diese Frage ausführlich in Kapitel IV, S. 107.
[2] Unter einer Jahreskurve einer Zeitreihe versteht man den Verlauf der Reihe in einem Kalenderjahr, also von Januar bis Dezember.

wegen der Kürze der konjunkturstatistischen Reihen nicht sehr genau.

Wie bereits erwähnt wurde, liegt allen Methoden starren Systems die besonders einschränkende Annahme zugrunde, daß die Saisonschwankung entweder von der Form $p(t)$ oder $f(t)\,p(t)$ ist, wobei $p(t)$ eine periodische Funktion und $f(t)$ den Trend oder die Resultierende von Trend und Konjunkturbewegung bedeutet.

Wir wollen nun untersuchen, welche Ergebnisse man erhält, wenn man eine Methode starren Systems auf irgend eine Reihe $\varphi(t)$ mit folgender Beschaffenheit anwendet: Die Abweichung der Reihe $\varphi(t)$ von ihrem gleitenden 12-Monatsdurchschnitt $\varphi^*(t)$ sei von der Form $\lambda(t)\,q(t)$, also $\varphi(t) - \varphi^*(t) = \lambda(t)\,q(t)$, wobei $q(t)$ eine periodische Funktion mit der Periodenlänge von 12 Monaten und dem Mittelwert Null, ferner $\lambda(t)$ eine Funktion bedeutet, die ihren Wert während eines Jahres nur wenig, aber während des ganzen Zeitraumes beträchtlich ändert. Berechnet man die Saisonschwankung nach einer Methode, welcher die Voraussetzung zugrunde liegt, daß die Saisonschwankung eine periodische Funktion $p(t)$ ist, so wird man als Saisonschwankung $s(t)$ annähernd die periodische Funktion $cq(t)$ erhalten, wobei c eine Konstante (ein Durchschnittswert von $\lambda(t)$) ist. Die saisonbereinigte Reihe wird dann folgende Eigentümlichkeiten aufweisen: In den Zeitintervallen, wo $\lambda(t) > c$ ist, wird die saisonbereinigte Reihe eine mit der Saisonbewegung parallele, und in den Zeitintervallen, wo $\lambda(t)$ kleiner als c ist, eine der Saisonschwankung gegenläufige Bewegung aufweisen. Ist $\lambda(t)$ nicht proportional $\varphi^*(t)$, also $\dfrac{\lambda(t)}{\varphi^*(t)}$ nicht konstant, und berechnet man die Saisonschwankung $s(t)$ nach einer Methode, welcher die Voraussetzung zugrunde liegt, daß $s(t)$ das Produkt einer periodischen Funktion mit der Resultierenden von Trend und Konjunkturbewegung ist, so erhält man als Saisonschwankung (vorausgesetzt, daß die Summe von Trend und Konjunkturbewegung ungefähr gleich $\varphi^*(t)$ ist) annähernd die Funktion $c\varphi^*(t)\,q(t)$, wobei c irgend ein Durchschnittswert von $\dfrac{\lambda(t)}{\varphi^*(t)}$ ist. Die saisonbereinigte Reihe wird in jenen Zeitintervallen, wo $\dfrac{\lambda(t)}{\varphi^*(t)} > c$, eine mit der Saisonbewegung parallele und wo $\dfrac{\lambda(t)}{\varphi^*(t)} < c$, eine gegenläufige Bewegung aufweisen. Solche Fälle kommen in der Wirklichkeit nicht selten vor. Im allgemeinen beeinflußt ja der Trend und die Konjunkturbewegung die Intensität der Saisonausschläge, und es ist kein Grund anzunehmen, daß diese Beeinflussung nach einem speziellen einfachen Gesetz geschieht, etwa, daß die Intensität der Saisonausschläge proportional der Resultierenden von Trend und Konjunkturbewegung wäre.[1] Sie kann auch von der zeitlich etwas zurückliegenden Konjunktur- oder Saisonbewegung abhängen.[2] Hiezu kommen noch verschiedene Veränderungen im Ursachenbereich der Saisonschwankungen. KUZNETS[3] untersucht eingehend die möglichen Ursachen für die Veränderungen in der Saisonbewegung. Besonders eingehend behandelt er die Amplitudenänderungen, für deren zahlenmäßige Bestimmung eine Formel angegeben wird, über die wir später noch sprechen werden. GRÄBNER[4] untersucht die Zusammenhänge zwischen Konjunktur- und Saisonbewegung. Er weist darauf hin, daß die Konjunkturbewegung in manchen Fällen nicht nur die Amplitude, sondern auch die Form der Saisonbewegung beeinflussen kann. Untersuchungen über die Art des Zusammenhanges zwischen Konjunktur-

---

[1] Vgl. hiezu auch K. F. MÖLLERING, a. a. O., S. 72—73.

[2] Vgl. etwa O. MORGENSTERN: Wirtschaftsprognose, Wien 1928, S. 58.

[3] S. KUZNETS: Seasonal Variations in Industry and Trade, New York 1933.

[4] G. GRÄBNER: Der bewegliche Saisonindex, Allgemeines statistisches Archiv, 24. Band, 2. Heft, 1934.

bewegung und der Amplitude der Saisonschwankung hat
u. a. auch WISNIEWSKY[1]) durchgeführt.

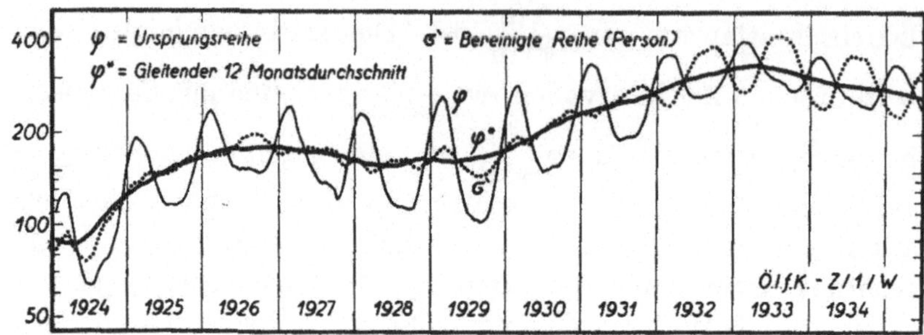

Fig. 1. Anzahl der unterstützten Arbeitslosen in Österreich insgesamt
Ursprungsreihe, gleitender 12-Monatsdurchschnitt und bereinigte Reihe (PERSONS),
(logarithmischer Maßstab, in 1000 Personen)

Im allgemeinen kann man bloß behaupten, daß die Saisonbewegung ihre Amplitude langsam mit der Zeit, aber sonst
beliebig ändern kann. Sehr deutlich zeigt sich dies für die

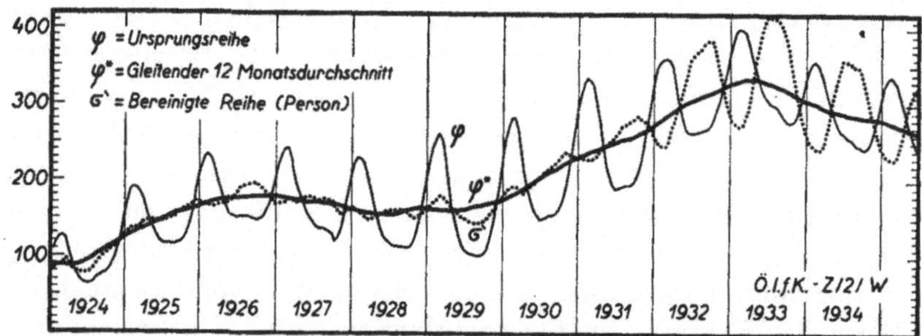

Fig. 2. Anzahl der unterstützten Arbeitslosen in Österreich insgesamt
Ursprungsreihe, gleitender 12-Monatsdurchschnitt und bereinigte Reihe (PERSONS),
(arithmetischer Maßstab, in 1000 Personen)

Reihe der Gesamtzahl der unterstützten Arbeitslosen in Österreich. Fig. 1 zeigt die Ursprungsreihe, ihren gleitenden 12-Mo-

---

[1]) I. WISNIEWSKY: Interdependence of Cyclical and Seasonal Variations, Econometrica, 2, 2 (April 1934).

natsdurchschnitt und die nach PERSONS saisonbereinigte Reihe im logarithmischen Maßstab und Fig. 2 dasselbe im arithmetischen Maßstab. Man sieht, daß die Abweichungen der Ursprungsreihe von ihrem gleitenden 12-Monatsdurchschnitt einen 12-monatlichen periodischen Charakter haben, die ihre Form ziemlich gut beibehalten, jedoch ihre Intensität mit der Zeit stetig ändern. Wie aus Fig. 1 klar ersichtlich ist, ist diese Intensitätsänderung keinesfalls proportional mit dem gleitenden 12-Monatsdurchschnitt. Besonders stark nimmt das Verhältnis der Intensität der Ausschläge zum gleitenden 12-Monatsdurchschnitt in den Jahren 1930—1932 ab; in den Jahren 1933 und 1934 bleibt es dagegen annähernd konstant. Aus Fig. 1 sieht man ferner, daß in den Jahren 1932 bis 1934 das Verhältnis der Intensität der Ausschläge zum gleitenden 12-Monatsdurchschnitt besonders klein ist. Dies erklärt also die Tatsache, warum in den genannten Jahren die nach PERSONS bereinigte Reihe eine starke, der Saisonbewegung gegenläufige Bewegung aufweist. Die nach PERSONS bereinigte Reihe kann offenbar im vorliegenden Falle nicht als befriedigend betrachtet werden. Ähnliche Resultate erhält man, wenn man irgend eine Methode starren Systems anwendet, welcher die Voraussetzung zugrunde liegt, daß die Saisonschwankung eine periodische Funktion $p(t)$ ist.[1]

Es versagt in diesem Falle sogar die schwächere Hypothese, daß sich die Saisonschwankung aus einer rein periodischen Funktion und aus dem Produkt einer periodischen Funktion mit der Resultierenden von Trend- und Konjunkturbewegung additiv zusammensetzt, d. h. von der Form $q(t) + f(t)\,p(t)$ ist, wobei $q(t)$ und $p(t)$ periodische Funktionen und $f(t)$ die Summe von Trend- und Konjunkturbewegung bedeuten.

---

[1] Veranlaßt durch die Schwierigkeiten, die sich bei der Saisonbereinigung der oben erwähnten Reihe der Arbeitslosen ergeben haben, hat F. J. ZRZAVY eine neue Methode entwickelt (Beilage Nr. 2 zu den Mo-

Im Kapitel IV wird eine neue Methode zur Berechnung der Saisonschwankung entwickelt, bei der bloß vorausgesetzt wird, daß die Saisonschwankung von der Form $\lambda(t)\,p(t)$ ist; dabei bedeutet $p(t)$ eine periodische Funktion und $\lambda(t)$ eine Funktion, die nur der Einschränkung unterworfen ist, daß sie ihren Wert mit der Zeit in gewissem Sinne „langsam" ändert, aber sonst beliebig verlaufen kann. Auf die Reihe der unterstützten Arbeitslosen angewendet, lieferte die neue Methode sehr zufriedenstellende Ergebnisse, wie dies im Kapitel IV ausführlich dargestellt ist.

Wir wollen kurz noch einige Methoden mit beweglichen Saisonindizes besprechen. Diese sind meistens Weiterbildungen der Methoden starren Systems. Der Unterschied besteht im wesentlichen darin, daß an die Stelle, wo bei den Verfahren starren Systems eine Mittelwertbildung vorliegt, eine Art „Trendlegung" tritt. Als eine Weiterbildung des Monatsdurchschnittsverfahrens kann die Methode von SNOW,[1]) die von ihm unabhängig auch von CRUM[2]) gefunden wurde, betrachtet werden. Es wird durch sämtliche Januarwerte, Februarwerte usw. nach der Methode der kleinsten Quadrate je eine gerade Trendlinie gelegt. Laufen die 12 Trendgeraden parallel zueinander, so ist daraus zu schließen, daß die Saisonschwankung eine exakt periodische Funktion ist, die weder ihre Form noch ihre Amplitude ändert, so daß die Saisonschwankung durch starre Saisonveränderungszahlen gut dargestellt werden kann. Divergieren

---

natsberichten des Österreichischen Institutes für Konjunkturforschung, 7. Jahrgang, Heft 10, Okt. 1933), die bis zu einem gewissen Zeitpunkt tatsächlich gute Ergebnisse lieferte; dann aber wies auch diese saisonbereinigte Reihe eine bedeutende, der Saisonschwankung gegenläufige Bewegung auf.

[1]) E. C. SNOW: Trade Forecasting and Prices, Journ. of the Royal Statistical Society, 1923.

[2]) W. L. CRUM: Progressive Variation in Seasonality, Journ. Amer. Statist. Ass., 1925.

die 12 Geraden, so bedeutet dies, daß die Saisonschwankung keine exakt periodische Funktion ist, sondern gewissen Umwandlungen unterworfen ist. Man berechnet dann für jedes Jahr eine eigene Reihe von 12 Saisonindexziffern wie folgt: Für jeden Monat k ($k=1, \ldots, 12$) berechnet man den Stand a_k der Trendlinie der k-ten Monatsreihe am 1. Juli des betreffenden Jahres. Die 12 Saisonindizes I_k ($k=1, \ldots, 12$) für das betreffende Jahr ergeben sich dann aus den Formeln:

$$I_k = 1200 \frac{a_k}{\sum\limits_{k=1}^{12} a_k}.$$

Den saisonbereinigten Wert erhält man, indem man den Ursprungswert durch die entsprechende Saisonindexziffer des betreffenden Jahres dividiert und mit 100 multipliziert.

Auf Grund des HALL-FALKNER-Verfahrens hat GRESSENS[1]) eine Methode beweglichen Systems entwickelt. Die Ursprungsreihe wird zunächst vom Trend bereinigt. Die Entwicklungstendenz der so bereinigten Monatsreihen wird im Gegensatz zu SNOW nicht durch eine Gerade repräsentiert, sondern durch bewegliche Mediane. Die Berechnung der Saisonindizes für jedes Jahr geschieht dann analog dem SNOWschen Verfahren.

Das PERSONSsche Gliedbildungsverfahren wurde von CRUM[2]) und FLINN[3]) zu einem Verfahren mit beweglichem System ausgebaut. Es werden zunächst, wie üblich, die Gliedziffern gebildet. Für jeden Monat k ($k = 1, \ldots, 12$) wird durch die entsprechende Reihe der Gliedziffern eine Trendlinie gelegt. Um die Saisonindexziffern für ein gegebenes Jahr zu berechnen, werden die

---

[1]) O. GRESSENS: On the Measurement of Seasonal Variations, Journ. Amer. Statist. Ass., Juni 1925, S. 203 ff.

[2]) W. L. CRUM: Progressive Variation in Seasonality, Journ. Amer. Statist. Ass., März 1925, S. 48.

[3]) Ausführungen auf dem Meeting on the Measurement of Seasonal Variations, 22. Mai 1925 in New York. S. auch Journ. Amer. Statist. Ass.. 1925. S. 429 ff.

dem betreffenden Jahre entsprechenden Trendordinaten der Gliedziffern verkettet, korrigiert und in üblicher Weise zu Saisonindexziffern umgerechnet. Der Unterschied zwischen dem CRUM- und FLINNschen Verfahren besteht im wesentlichen darin, daß CRUM als Trendlinie eine einfache mathematische Funktion, etwa eine Gerade, annimmt und diese mit Hilfe der Methode der kleinsten Quadrate bestimmt, während FLINN zur Bestimmung der Trendlinie erweiterte bewegliche Mediane verwendet.

Eine ausführliche Darstellung dieser Methoden ist in der schon oben erwähnten Abhandlung von O. DONNER[1]) enthalten. Wir wollen hier bloß auf den Umstand hinweisen, daß die besprochenen Methoden beweglichen Systems, sowie andere ähnliche Methoden, in Fällen, wo die Saisonschwankung eine periodische Funktion ist, die ihre Amplitude mit der Zeit langsam ändert, nicht selten unrichtige Ergebnisse liefern. Es sei dies an Hand eines Beispieles näher erläutert. Die Ursprungsreihe $\varphi(t)$ sei für 10 Jahre definiert und habe die Form $c + \lambda(t)\,p(t)$, wobei $c = 100$ und $p(t)$ eine periodische Funktion mit der Periodendauer von 12 Monaten ist. Die 12 Monatswerte von $p(t)$ seien der Reihe nach:

$$p_1 = 5;\; p_2 = 4;\; p_3 = 3;\; p_4 = 2;\; p_5 = 1;\; p_6 = p_7 = 0;\; p_8 = -1;$$
$$p_9 = -2;\; p_{10} = -3;\; p_{11} = -4;\; p_{12} = -5.$$

Die Funktion $\lambda(t)$ sei folgendermaßen gegeben: In den ersten und letzten vier Jahren sei $\lambda(t)$ konstant gleich 1. Vom Januar des fünften Jahres bis Januar des sechsten Jahres steige $\lambda(t)$ linear bis zum Wert 1·5 an und vom Januar des sechsten Jahres bis Januar des siebenten Jahres nehme $\lambda(t)$ linear ab, so daß im Januar des siebenten Jahres $\lambda(t)$ wiederum gleich 1 ist. Die Reihe $\varphi(t)$ ist sehr einfach aufgebaut. Sie enthält weder

---

[1]) O. DONNER: Die Saisonschwankung als Problem der Konjunkturforschung, Vierteljahrshefte zur Konjunkturforschung, Sonderheft 6, Berlin 1928.

eine Trend- noch eine Konjunktur- oder irreguläre Bewegung. Schaltet man aus dieser Reihe nach irgend einem Verfahren die Saisonschwankung aus, so wird man die Resultate offenbar nur dann als zufriedenstellend betrachten, falls man als saisonbereinigte Reihe die Konstante $c = 100$ und mithin als Saisonschwankung $\lambda(t)\, p(t)$ erhält. Dies wird aber von keiner der oben erwähnten und verwandten Methoden geleistet. Wir werden dies etwa bei den Methoden von CRUM und FLINN klarmachen. Man bildet zunächst für jeden Monat die entsprechende Reihe von Gliedziffern. Sie zeigen folgende Eigentümlichkeiten: Die Gliedziffern $\dfrac{\text{Januar}}{\text{Dezember}}$ werden konstant gleich $\dfrac{105}{95}$ sein, ausgenommen im Januar des sechsten Jahres, wo sie den Wert $\dfrac{107\cdot5}{92\cdot5}$ hat. In den übrigen Monatsreihen der Gliedziffern, also in der Reihe der Gliedziffern $\dfrac{\text{Februar}}{\text{Januar}}$ oder $\dfrac{\text{März}}{\text{Februar}}$ usw., werden acht Werte einander paarweise gleich sein und nur im fünften und sechsten Jahr werden sie von den übrigen abweichen. Es ist klar, daß die Trendlinie jeder Monatsreihe von Gliedziffern, sowohl wenn man sie nach dem Verfahren von CRUM oder auch nach FLINN bestimmt, von einer horizontalen Geraden nur unwesentlich abweichen wird. Daraus ergibt sich aber, daß die Saisonindexziffern für jedes Jahr dieselben, d. h. starr sind. Man kann leicht bestätigen, daß man dann als saisonbereinigte Reihe annähernd $100 + (\lambda(t) - 1)\, p(t)$ erhält. Die saisonbereinigte Reihe wird also in dem fünften und sechsten Jahr eine mit der Saisonbewegung parallele Bewegung aufweisen. Ähnliche Resultate erhält man, wenn man die Methode von SNOW oder GRESSENS oder verwandte Methoden anwendet.

Man kann daher folgendes behaupten: *Ist die Saisonschwankung $s(t) = \lambda(t)\, p(t)$, wobei $p(t)$ eine periodische Funktion bedeutet und $\lambda(t)$ eine Funktion ist, die ihren Wert stetig, aber nicht allzu rasch ändert, und gibt es ein Zeitintervall τ von etwa zwei*

bis drei Jahren, in denen $\lambda(t)$ eine stärkere Aufwärts- und Ab-
wärtsbewegung macht, so werden die oben beschriebenen und ver-
wandten Verfahren im allgemeinen für das Zeitintervall τ unrichtige
Ergebnisse liefern.

Mit der Frage der Amplitudenänderungen von Saisonschwankungen hat sich KUZNETS eingehend beschäftigt. Die
Amplitude der Saisonschwankung in einem Kalenderjahr wird
nach KUZNETS[1]) folgendermaßen bestimmt: Man berechnet
zunächst nach irgend einer Methode starren Systems die Saisonindexzahlen. Bezeichnet s_k die Abweichung der k-ten Saisonindexziffer ($k=1, \ldots, 12$) von 100 und ist d_k die prozentuelle
Abweichung der Ursprungsreihe vom gleitenden 12-Monats-
durchschnitt im Monat k des betreffenden Jahres, so ist die
Amplitude b_{ds} der Saisonausschläge in dem betreffenden
Kalenderjahr durch folgende Formel gegeben:

$$b_{d\,s} = \frac{\sum\limits_{k=1}^{12} d_k\, s_k}{\sum\limits_{k=1}^{12} s_k^2}.$$

Diese Formel verwendet auch GRÄBNER in seiner bereits er-
wähnten Abhandlung. Die Saisonbereinigung der Reihe geschieht
dann in dem betreffenden Kalenderjahr so, daß man den k-ten
Monatswert der Ursprungsreihe durch $b_{ds}\left(1 + \frac{s_k}{100}\right)$ dividiert.
Die obige Formel steht in gewissen Beziehungen zu den im
Kapitel IV hergeleiteten Formeln für die Berechnung der
Saisonschwankung. Ein Nachteil des obigen Verfahrens ist
erstens, daß die Amplitude der Saisonbewegung in einem
Kalenderjahr als konstant angenommen wird, die in Wirklichkeit von Monat zu Monat ihren Wert ändern kann. Zweitens
ist zu bemerken, daß die Berechnung der Saisonindizes s_k nach

---

[1]) S. KUZNETS: a. a. O., S. 324.

irgend einer Methode starren Systems nicht ohne weiteres statthaft ist, denn für die Herleitung der starren Saisonindizes wird die Annahme wesentlich verwendet, daß die Saisonschwankung von der Form $p(t)$ oder $p(t)\,f(t)$ ist, wobei $p(t)$ eine periodische Funktion und $f(t)$ den Trend oder die Summe vom Trend und Konjunkturbewegung bedeutet. Eine Annahme, die nicht mehr aufrecht erhalten wird, da verschiedene Amplitudenänderungen zugelassen sind. Es muß daher die Zulässigkeit der Art der Berechnung von s_k besonders geprüft und nachgewiesen werden.

Einen ganz anderen Charakter hat die ANDERSONsche Methode, die kürzlich von G. TINTNER[1] auf zahlreiche statistische Reihen angewendet wurde. Nach ANDERSON werden vor allem die irregulären Schwankungen ausgeschaltet. Dies geschieht durch die Anwendung seiner Differenzenmethode, die wir im nächsten Kapitel eingehend besprechen werden. Sind schon die irregulären Schwankungen ausgeschaltet, so wird die Saisonbereinigung durch Bildung des gleitenden 12-Monatsdurchschnittes bewirkt. Die Saisonschwankung ist also nach dieser Methode nichts anderes als die Differenz zwischen der von irregulären Bewegungen bereinigten Reihe und ihrem gleitenden 12-Monatsdurchschnitt. Dies ist wohl in den meisten Fällen zutreffend, da die Differenz zwischen der Ursprungsreihe und dem gleitenden 12-Monatsdurchschnitt sich in der Regel im wesentlichen bloß aus irregulären und aus Saisonbewegungen zusammensetzt. Der Gedanke, vor allem die irregulären Schwankungen auszuschalten und dann erst die weitere Analyse der Reihe vorzunehmen, ist an sich sehr begrüßenswert. Es fragt sich jedoch, ob das Vorhandensein von kurzperiodischen Bewegungen, wie die Saisonschwankung, nicht die Anwendbarkeit der Differenzenmethode für die Berechnung der irregulären

---

[1] G. TINTNER: Prices in the Trade Cycle, Austrian Institute for trade Cycle Research in Cooperation with the London School of Economics and Political Science, with a foreword by OSKAR MORGENSTERN, Wien 1935.

3*

Komponente beeinträchtigen kann. Dieser Frage wenden wir uns im nächsten Kapitel zu. Es wird sich zeigen, daß dies in gewissen statistischen Reihen (besonders in Produktions- und Umsatzreihen) tatsächlich der Fall ist. In solchen Fällen muß zuerst die Saisonschwankung nach irgend einer Methode ausgeschaltet werden, und erst auf die saisonbereinigte Reihe ist die Differenzenmethode anwendbar. In Preisreihen jedoch dürfte im allgemeinen die eventuell vorhandene Saisonschwankung kaum die Anwendbarkeit der Differenzenmethode beeinträchtigen, so daß die oben erwähnten TINTNERschen Berechnungen, da es sich dort ausschließlich um Preisreihen handelt, durch unsere ·Überlegungen kaum berührt werden.

DRITTES KAPITEL

DIE DIFFERENZENMETHODE (VARIATE DIFFERENCE METHOD)

Zur Berechnung und Ausschaltung der *irregulären* Komponente von Zeitreihen wurde von ANDERSON die Anwendung seiner Differenzenmethode vorgeschlagen.[1] Er geht von der Grundannahme aus, daß jedes Glied der Zeitreihe eine zufällige Variable im Sinne der Wahrscheinlichkeitstheorie ist, d. h. daß es verschiedene Werte mit verschiedenen Wahrscheinlichkeiten annehmen kann, ferner, daß die mathematischen Erwartungen aller Glieder der Reihe endliche Größen sind. Bezeichnet X_i das i-te Glied der Zeitreihe und $E X_i$ den mathematischen Erwartungswert von X_i, so wird als der irreguläre Teil der Reihe, auch zufällige Komponente genannt, die Differenz $X_i - E X_i$ des Gliedes X_i von seinem mathematischen Erwartungswert betrachtet. Mithin besteht die Aufgabe der Differenzenanalyse in der Bestimmung des mathematischen Erwartungswertes $E X_i$ von X_i. Die Methode gründet sich auf tiefergehende wahrscheinlichkeitstheoretische Betrachtungen, und es ist ANDERSON als ein Verdienst anzurechnen, solche Untersuchungen erstmalig auf wirtschaftsstatistische Reihen angewendet zu haben, die oft bedeutend feinere Analysen er-

---

[1] O. ANDERSON: Die Korrelationsrechnung in der Konjunkturforschung; ein Beitrag zur Analyse von Zeitreihen. Veröffentlichungen der Frankfurter Gesellschaft für Konjunkturforschung, Nr. 4, Bonn 1929. (Im folgenden kurz zitiert als: „Korrelationsrechnung".) Die Differenzenmethode wurde 1914 fast gleichzeitig von GOSSET („STUDENT") und ANDERSON in Band X der Biometrika entwickelt.

möglichen als die sogenannten empirisch-statistischen Methoden. Um die Größen EX_i zu bestimmen, werden gewisse Annahmen über die Natur derselben gemacht. Die Anwendbarkeit der Methode ist in allen Fällen gegeben, wo diese Annahmen erfüllt sind oder zumindest plausibel erscheinen. In diesem Kapitel wollen wir eben die Zulässigkeit dieser Annahmen in bezug auf die in der Konjunkturstatistik vorkommenden Reihen untersuchen. Es wird sich zeigen, daß in vielen Fällen, wo bedeutende Saisonschwankungen auftreten, die Voraussetzungen für die Anwendbarkeit der Differenzenmethode *nicht* gegeben sind. Dann müssen zuerst die Saisonschwankungen nach irgend einer anderen Methode ausgeschaltet werden, und erst auf die saisonbereinigte Reihe kann die Differenzenmethode angewendet werden.

Das Verfahren für die Bestimmung von EX_i gründet sich im wesentlichen auf folgende Überlegungen:

Es sei die gegebene Zeitreihe: $X_1, X_2, \ldots, X_N$. Wir bezeichnen EX_i mit m_i und $X_i - EX_i$ mit x_i $(i = 1, \ldots, N)$. Ist $\{y_i\}$ $(i = 1, 2, \ldots, N)$ irgend eine Zahlenreihe, so bezeichne $\Delta^k y_i$ für jede natürliche Zahl k die k-te endliche Differenz von y_i. Es gilt bekanntlich:

$$\Delta^k y_i = C_k^0 \, y_{i+k} - C_k^1 \, y_{i+k-1} + C_k^2 \, y_{i+k-2} - \ldots + (-1)^k \, C_k^k \, y_i,$$

wobei $C_k^0 = 1$ und $C_k^j = \dfrac{k\,(k-1)\ldots(k-j+1)}{1 \,.\, 2, \ldots\, j}$ ist.

Es gilt offenbar:

$$\Delta^k X_i = \Delta^k m_i + \Delta^k x_i. \tag{1}$$

Macht man die Annahme, daß die einzelnen Glieder x_i dasselbe Verteilungsgesetz V haben und voneinander stochastisch unabhängig sind, dann gilt:[1]

$$E\,(\Delta^k x_i)^2 = C_{2k}^k \, \mu_2, \tag{2}$$

---

[1] O. ANDERSON: Korrelationsrechnung, S. 110.

wobei $\mu_2 = E\,x_i^2$ das zweite Moment der Verteilung V bedeutet.
Wir führen nach ANDERSON für eine beliebige Reihe $y_1, \ldots, y_N$
folgende Bezeichnungen ein:

$$\sigma\,(y)_0^2 = \frac{1}{N-1} \sum_{i=1}^{N} (y_i - y)^2, \quad \text{wobei} \quad y = \frac{1}{N} \sum_{i=1}^{N} y_i$$

ist und

$$\sigma\,(y)_k^2 = \frac{1}{C_{2k}^k\,(N-k)} \cdot \sum_{i=1}^{N-k} (\Delta^k y_i)^2 \quad (k = 1, 2, \ldots).$$

Aus (2) folgt dann unmittelbar

$$E\,\sigma\,(x)_k^2 = \mu_2 \quad (k = 1, 2, \ldots). \tag{3}$$

Der Ausdruck $E\,\sigma\,(x)_k^2$ ist also von k unabhängig.

Nun berechnet man aus der gegebenen Reihe $X_1, \ldots, X_N$
die empirische Reihe

$$\sigma\,(X)_0^2, \quad \sigma\,(X)_1^2, \quad \sigma\,(X)_2^2, \ldots, \sigma\,(X)_k^2, \ldots. \tag{4}$$

Findet man, daß die Differenzen $\sigma\,(X)_{j+1}^2 - \sigma\,(X)_j^2$ für $j \geq$
einem gewissen k dem absoluten Betrage nach „genügend
klein" sind, so wird die Annahme als berechtigt angesehen,[1]) daß

1. die Glieder x_i voneinander stochastisch unabhängig sind
und daß

2. die Reihe der mathematischen Erwartungen in der k-ten
endlichen Differenz schon praktisch genügend reduziert ist, daß
also mit praktischer Genauigkeit $\Delta^k X_i = \Delta^k x_i$ gilt.

Ob die Reihe (4) von einem gewissen k angefangen schon ge-
nügend stabil ist, d. h. ob die Differenzen $\sigma\,(X)_{j+1}^2 - \sigma\,(X)_j^2$ für
$j \geq k$ dem absoluten Betrage nach „genügend klein" sind, wird
nach ANDERSON folgendermaßen entschieden: man berechnet
den mittleren Fehler von $\sigma\,(x)_{j+1}^2 - \sigma\,(x)_j^2$ für $j = 1, 2, \ldots,$
unter der Voraussetzung, daß die Glieder x_i voneinander

---

[1]) O. ANDERSON: Korrelationsrechnung, S. 67.

stochastisch unabhängig sind. Die in dem Ausdruck auftretenden apriorischen Größen werden durch gewisse empirische Annäherungen ersetzt. Ist nun die Differenz $\sigma\,(X)^2_{j+1} - \sigma\,(X)^2_j$ dem absoluten. Betrage nach kleiner als etwa das Dreifache ihres mittleren Fehlers, so wird die Differenz $\sigma\,(X)^2_{j+1} - \sigma\,(X)^2_j$ als „genügend klein" betrachtet. Gilt also für $j \geqq$ einem gewissen k, daß die Differenz $\left|\sigma\,(X)^2_{j+1} - \sigma\,(X)^2_j\right|$ kleiner ist als das Dreifache ihres mittleren Fehlers,[1]) so ist man berechtigt, die Annahmen 1 und 2 zu machen. Man kann dann $\varDelta^k X_i = \varDelta^k x_i$ setzen und es besteht bloß die Aufgabe, aus der Reihe $\varDelta^k x_i$ die Reihe x_i zu bestimmen. Dieses Problem ist zwar nicht eindeutig lösbar; es wird jedoch in gewissem Sinne eine wahrscheinlichste Lösung für x_i gegeben. Wir werden uns mit dieser Frage hier nicht beschäftigen, sondern wollen vielmehr bloß untersuchen, ob die Annahme, daß $\varDelta^k m_i$ vernachlässigbar klein sei, falls $\left|\sigma\,(X)^2_{j+1} - \sigma\,(X)^2_j\right|$ für $j \geqq k$ genügend klein ist, berechtigt ist. Bildet man die Zahlenreihe: $\sigma\,(m)^2_1,\ \sigma\,(m)^2_2,\ \ldots,\ \sigma\,(m)^2_j,\ \ldots,$ so sind nach ANDERSON 3 Fälle möglich:[2])

1. $\sigma\,(m)^2_1 > \sigma\,(m)^2_2 > \sigma\,(m)^2_3 > \ldots.$

2. Es gilt von einem gewissen k angefangen $\sigma\,(m)^2_k =$
$= \sigma\,(m)^2_{k+1} = \sigma\,(m)^2_{k+2} = \ldots.$

3. $\sigma\,(m)^2_1 < \sigma\,(m)^2_2 < \sigma\,(m)^2_3 < \ldots.$

Die Abnahme, bzw. die Zunahme der Reihe $\left\{\sigma\,(m)^2_k\right\}$ im Falle 1, bzw. 3 ist offenbar so gemeint, daß die Abnahme, bzw. Zunahme stärker ist, als sie nach den gegebenen Kriterien zulässig wäre. Ebenso versteht man im Falle 2 nicht exakte Gleichheit der Glieder, sondern meint, daß die Differenz von zwei nacheinander folgenden Gliedern innerhalb der zulässigen Grenzen bleibt. Im Falle 1 bezeichnet ANDERSON die Reihe m_i als zur

---

[1]) O. ANDERSON: Korrelationsrechnung, S. 67.
[2]) O. ANDERSON: Korrelationsrechnung, S. 65—67.

Gruppe G, im Falle 2 als zur Gruppe R und im Falle 3 als zur Gruppe Z gehörig.[1]

Die Stabilität der Reihe $\sigma(X)_1^2$, $\sigma(X)_2^2$, ... kann von einem gewissen k angefangen nicht nur aus dem Grunde entstehen, daß $\Delta^k m_i$ schon praktisch vernachlässigbar ist und die Glieder x_i stochastisch voneinander unabhängig sind; es könnte z. B. auch der Fall sein, daß die Reihe m_i zur R-Gruppe gehört und gleichzeitig die Glieder x_i voneinander stochastisch unabhängig sind, in welchem Falle ebenfalls von einem gewissen k angefangen die Reihe $\sigma(X)_k^2$, $\sigma(X)_{k+1}^2$, ... stabil sein wird. Es könnte sogar der Fall eintreten, daß die Reihe m_i zur Z-Gruppe gehört und die Glieder x_i stochastisch so verbunden sind,[2] daß $E\,\sigma(x)_1^2 > E\,\sigma(x)_2^2 < \ldots$ gilt und daß die beiden Komponenten sich derart die Waage halten, daß anfänglich die Gleichungen $\sigma(X)_1^2 = \sigma(X)_2^2 = \ldots$ mit hinreichender Genauigkeit gelten. Es wird behauptet, daß alle diese Fälle sehr unwahrscheinlich seien, schon aus dem Grunde, da es sehr unwahrscheinlich sei, daß die Reihe m_i nicht zur G-Gruppe gehöre. Es wird dies hauptsächlich damit begründet, daß die Reihe $\{m_i\}$ im allgemeinen einen sogenannten „glatten" Verlauf hat und die „glatten" Funktionen zur G-Gruppe gehören. ANDERSON zeigt für eine Reihe von verschiedenen Klassen von elementaren Funktionen,[3] daß sie zur Gruppe G gehören.

Dies dürfte im allgemeinen richtig sein. Jedoch für die in der Konjunkturstatistik behandelten Reihen ist dies mit Rücksicht auf die Saisonschwankungen nicht immer der Fall, wie wir später noch zeigen werden. Die statistischen Daten sind in

---

[1] Es sei hier bemerkt, daß die Fälle 1 bis 3 keineswegs eine vollständige Disjunktion bilden. Es wäre z. B. denkbar, daß die Reihe $\sigma(m)_k^2$ in einem Anfangsabschnitt sich so verhält wie im Falle 1, dann in einem nächstfolgenden Abschnitt wie im Falle 3, nachher wiederum wie im Falle 1, usw.

[2] O. ANDERSON: Korrelationsrechnung, S. 62—63.

[3] O. ANDERSON: Korrelationsrechnung, S. 106—109.

der Regel monatlich gegeben, die Saisonschwankung ist annähernd eine periodische Funktion mit der Periodenlänge von
12 Monaten. Überall, wo die Saisonkomponente von Monat zu
Monat ihren Wert stark ändert oder sogar ihr Vorzeichen wechselt, ist zu erwarten, daß sie nicht zur G-Gruppe gehört. Merkwürdigerweise ergibt sich aber, daß es auch Saisonbewegungen
gibt, die zwar äußerlich einen „glatten" Verlauf zeigen, jedoch
zur Z-Gruppe gehören. Das Auftreten von Saisonbewegungen, die
nicht zur G-Gruppe gehören, kann gar nicht zu den Seltenheiten
gerechnet werden.

Um die Untersuchung möglichst allgemein zu führen, betrachten wir eine periodische Reihe $a_1, a_2, \ldots, a_j, \ldots$, ad inf.,
wobei eine Periode aus den n Gliedern $a_1, \ldots, a_n$ besteht.
Es gilt also für jede natürliche Zahl k, $a_{k\,n+i} = a_i$ $(i = 1, \ldots, n)$.

Es ist klar, daß die Reihe der k-ten endlichen Differenzen
$\{\Delta^k a_i\}$ $(i = 1, 2, \ldots$ ad inf.$)$ ebenfalls periodisch ist, und zwar
besteht eine Periode aus den n Gliedern: $\Delta^k a_1, \ldots, \Delta^k a_n$. Es
gilt offenbar:

$$\sigma\,(a)_k^2 = \frac{(\Delta^k a_1)^2 + \ldots + (\Delta^k a_n)^2}{n \cdot C_{2\,k}^k}.$$

Wir beweisen nun das folgende

Theorem I: *Ist $\{a_i\}$ $(i = 1, 2, \ldots, ad\ inf.)$ eine periodische
Reihe, wobei eine Periode aus den n Gliedern $a_1, \ldots, a_n$ besteht,
so konvergiert die Zahlenfolge $\{\sigma\,(a)_k^2\}$ $(k = 1, 2, \ldots, ad\ inf.)$
entweder gegen 0 oder gegen ∞, und zwar tritt der zweite Fall dann
und nur dann ein, falls n eine gerade Zahl ist und*

$$\sum_{i=1}^{\frac{n}{2}} a_{2i-1} \neq \sum_{i=1}^{\frac{n}{2}} a_{2i}$$

gilt.

Wir bezeichnen die periodische Reihe im ersten Falle als zur
G-Gruppe, im zweiten Falle als zur Z-Gruppe gehörig. Eine periodische Reihe muß also entweder zur Z-Gruppe oder zur G-Gruppe

gehören, und wir haben ein außerordentlich einfaches Kriterium, um für jede vorgelegte periodische Reihe zu entscheiden, welcher der beiden Fälle zutrifft. Ist nämlich die Periodenlänge n eine ungerade Zahl, so gehört die Reihe zur Gruppe G, ist dagegen n eine gerade Zahl, so gehört die Reihe zur Gruppe G oder Z, je nachdem, ob $\sum\limits_{i=1}^{\frac{n}{2}} a_{2i-1} =$ oder $\neq \sum\limits_{i=1}^{\frac{n}{2}} a_{2i}$ ist.

Um das Theorem **I** zu beweisen, betrachten wir zunächst die Reihe[1] $b_i = A \sin(\psi + i\,\varphi)$ $(i = 1, 2, \ldots, \text{ad inf.})$, wobei $A \neq 0$ ist.

Es gilt bekanntlich

$$\Delta^k b_i = A \left(2 \sin \frac{\varphi}{2}\right)^k \sin \left[\psi + \frac{k}{2}\,\pi + \left(\frac{k}{2} + i\right)\varphi\right]. \tag{5}$$

Wir nehmen an, daß $\dfrac{\varphi}{2\pi}$ eine rationale Zahl ist, also $= \dfrac{m}{n}$, wobei m und n ganze Zahlen sind. Dann ist die Reihe $\{b_i\}$ $(i=1, 2, \ldots,$ ad inf.) periodisch und n Glieder bilden eine Periode. Es gilt dann

$$\sigma(b)_k^2 = \frac{A^2 \left(2 \sin \frac{\varphi}{2}\right)^{2k}}{C_{2k}^k} \cdot \frac{\sum\limits_{i=1}^{n} \sin^2\left[\psi + \frac{k}{2}\,(\pi + \varphi) + i\,\varphi\right]}{n}. \tag{6}$$

Wir betrachten zunächst den Fall, daß $0 < \left|\sin \dfrac{\varphi}{2}\right| < 1$ ist. Da bekanntlich $\sin^2 x = \dfrac{1 - \cos 2x}{2}$ ist, so gilt:

$$\sum_{i=1}^{n} \frac{\sin^2\left[\psi + \frac{k}{2}\,(\pi + \varphi) + i\,\varphi\right]}{n} = \frac{1}{2} - \sum_{i=1}^{n} \frac{\cos\left[2\,\psi + k\,(\pi + \varphi) + 2\,i\,\varphi\right]}{n}. \tag{7}$$

---

[1] Diese Reihe wurde auch von O. ANDERSON in seiner Korrelationsrechnung S. 109 betrachtet. Er untersucht bloß das Verhalten der Reihe $\sum\limits_{i=1}^{N} \dfrac{|\Delta^k b_i|}{N}$ $(k = 1, 2, \ldots)$ bei hinlänglich großem N, jedoch nicht das Verhalten der Reihe $\left\{\sigma(b)_k^2\right\}$ $(k = 1, 2, \ldots)$.

Es bezeichne $\varphi' = 2\,\lambda\pi$ den zwischen $-\pi$ und $+\pi$ liegenden Winkel, für welchen $\varphi' - \varphi = 2\,\nu\pi$ gilt, wobei ν eine ganze Zahl ist. Da nach Voraussetzung $\varphi = 2\,\pi\,\dfrac{m}{n}$ und $0 < \left|\sin\dfrac{\varphi}{2}\right| < 1$ gilt, so ist λ eine rationale Zahl von der Form $\dfrac{p}{n}$, die den Ungleichungen $\lambda \neq 0$ und $-\dfrac{1}{2} < \lambda < \dfrac{1}{2}$ genügt. Da $n\,\lambda$ eine ganze Zahl und $\cos 2\,\varphi' \neq 1$ ist, so gilt bekanntlich

$$\sum_{i=1}^{n} \sin 2\,i\,\varphi' = \sum_{i=1}^{n} \cos 2\,i\,\varphi' = 0.$$

Daraus ergibt sich unmittelbar, daß

$$\sum_{i=1}^{n} \cos\,[2\,\psi + k\,(\pi + \varphi) + 2\,i\varphi] = 0$$

gilt. Aus (7) und (6) folgt dann

$$\sigma\,(b)_k^2 = \frac{A^2 \left(2\sin\dfrac{\varphi}{2}\right)^{2k}}{2\,C_{2k}^k} \quad (k = 1,\, 2,\, \ldots,\, \text{ad inf.}). \qquad (8)$$

Wir haben noch die zwei Grenzfälle $\sin\dfrac{\varphi}{2} = 0$ und $\left|\sin\dfrac{\varphi}{2}\right| = 1$ zu untersuchen. Ist $\sin\dfrac{\varphi}{2} = 0$, so ergibt sich aus (6) unmittelbar für jede natürliche Zahl k $\sigma\,(b)_k^2 = 0$. Ist $\left|\sin\dfrac{\varphi}{2}\right| = 1$, dann ist $\varphi = (2\,\nu + 1)\,\pi$, wobei ν eine ganze Zahl ist. Setzt man in (5) den obigen Ausdruck ein, so erhält man:

$$\Delta^k b_i = A\,2^k \cdot \left[\sin\left(\nu + \tfrac{1}{2}\right)\pi\right]^k \cdot \sin\left[\psi + \tfrac{k}{2}\pi + k\left(\tfrac{\pi}{2} + \nu\pi\right) + i\,(2\pi\nu + \pi)\right] =$$

$$= A\,2^k \cdot \left[\sin\left(\nu + \tfrac{1}{2}\right)\pi\right]^k \cdot \sin\,[\psi + k\,(\pi + \nu\pi) + i\,\pi].$$

Daraus ergibt sich

$$\left|\Delta^k b_i\right| = \left|A\right|\,2^k\,\left|\sin\psi\right|$$

und mithin

$$\sigma(b)_k^2 = \frac{A^2\, 2^{2k} \sin^2 \psi}{C_{2k}^k}. \tag{9}$$

Wir haben also folgenden Satz bewiesen:

1. *Ist eine periodische Reihe $\{b_i\}$ $(i = 1, 2, \ldots, ad\ inf.)$ durch die Gleichung $b_i = A \sin(\psi + i\varphi)$ gegeben, wobei $\frac{\varphi}{\pi}$ eine rationale Zahl ist, dann gilt*

$$\sigma(b)_k^2 = \frac{A^2 \left(2 \sin \frac{\varphi}{2}\right)^{2k}}{2\, C_{2k}^k} \quad (k = 1, 2, \ldots, ad\,inf.),$$

falls $\left|\sin \frac{\varphi}{2}\right| \neq 1$ ist, und

$$\sigma(b)_k^2 = \frac{A^2\, 2^{2k} \sin^2 \psi}{C_{2k}^k} \quad (k = 1, 2, \ldots, ad\,inf.),$$

falls $\left|\sin \frac{\varphi}{2}\right| = 1$ ist.

Wir beweisen nun den folgenden Satz:

2. *Sind $\{b_i'\}$ und $\{b_i''\}$ $(i = 1, 2, \ldots, ad\ inf.)$ zwei periodische Reihen, gegeben durch die Gleichungen $b_i' = A' \sin\left(\psi' + i\,2\pi \frac{m'}{n}\right)$, bzw. $b_i'' = A'' \sin\left(\psi'' + i\,2\pi \frac{m''}{n}\right)$, wobei n, m', m'' natürliche Zahlen sind und $m' < m'' \leqq \frac{n}{2}$ ist, dann gilt:*

$$\sum_{i=1}^{n} \Delta^k b_i' \cdot \Delta^k b_i'' = 0 \quad (k = 1, 2, \ldots, ad\ inf.).$$

Bezeichnet man $2\pi \frac{m'}{n}$ mit φ' und $2\pi \frac{m''}{n}$ mit φ'', so gilt nach (5) offenbar

$$\sum_{i=1}^{n} \Delta^k b_i' \cdot \Delta^k b_i'' = A' A'' \, 4^k \left(\sin \frac{\varphi'}{2}\right)^k \left(\sin \frac{\varphi''}{2}\right)^k \left\{ \sum_{i=1}^{n} \sin\left[\psi' + \right.\right.$$

$$\left.\left. + \frac{k}{2}\left(\pi + \varphi'\right) + i\,\varphi'\right] \sin\left[\psi'' + \frac{k}{2}\left(\pi + \varphi''\right) + i\,\varphi''\right]\right\}.$$

Da bekanntlich

$$\sum_{i=1}^{n}\sin i\,\varphi'\sin i\,\varphi'' = \sum_{i=1}^{n}\sin i\,\varphi'\cos i\,\varphi'' = \sum_{i=1}^{n}\cos i\,\varphi'\sin i\,\varphi'' =$$

$$= \sum_{i=1}^{n}\cos i\,\varphi'\cos i\,\varphi'' = 0$$

gilt, so gilt offenbar auch

$$\sum_{i=1}^{n}\sin\left[\psi' + \frac{k}{2}\left(\pi+\varphi'\right)+i\,\varphi'\right]\sin\left[\psi'' + \frac{k}{2}\left(\pi+\varphi''\right)+i\,\varphi''\right] = 0,$$

womit 2 bewiesen ist.

Ist $\{a_i\}$ $(i = 1, 2, \ldots, \text{ad inf.})$ eine periodische Reihe, wobei eine Periode aus den Gliedern $a_1, \ldots, a_n$ besteht, so gibt es bekanntlich genau ein trigonometrisches Polynom

$$P(x) = \alpha_0 + \alpha_1\cos x + \beta_1\sin x + \alpha_2\cos 2x + \beta_2\sin 2x + \ldots +$$
$$+ \alpha_m\cos mx + \beta_m\sin mx,$$

wobei $m = \frac{n}{2}$ oder $= \frac{n-1}{2}$, je nachdem, ob n eine gerade oder ungerade Zahl ist, derart, daß

$$P\left(j\,\frac{2\,\pi}{n}\right) = a_j \qquad (j = 1, 2, \ldots, \text{ad inf.})$$

gilt. Wir nennen $\alpha_\nu\cos\nu x + \beta_\nu\sin\nu x$ die ν-te Oberwelle der periodischen Reihe $\{a_i\}$ und $+\sqrt{\alpha_\nu^2 + \beta_\nu^2}$ ist ihre Amplitude $(\nu = 1, \ldots, m)$. Die erste Oberwelle $\alpha_1\cos x + \beta_1\sin x$ nennt man auch Grundwelle. Wir bezeichnen $j\,\frac{2\,\pi}{n}$ mit x_j für jede natürliche Zahl j. Die Koeffizienten des Polynoms $P(x)$ sind bekanntlich durch die folgenden Gleichungen bestimmt:

$$n\,\alpha = \sum_{j=1}^{n}a_j, \tag{10}$$

$$\left.\begin{aligned}\frac{n}{2}\,\alpha_\nu &= \sum_{j=1}^{n} a_j \cos \nu\, x_j \\[2mm] \frac{n}{2}\,\beta_\nu &= \sum_{j=1}^{n} a_j \sin \nu\, x_j \end{aligned}\right\} \quad (\nu = 1, 2, \ldots, m-1). \tag{11}$$

Ist n ungerade, so gilt für $m = \dfrac{n-1}{2}$

$$\left.\begin{aligned}\frac{n}{2}\,\alpha_m &= \sum_{j=1}^{n} a_j \cos m\, x_j \\[2mm] \frac{n}{2}\,\beta_m &= \sum_{j=1}^{n} a_j \sin m\, x_j \end{aligned}\right\}. \tag{12}$$

Ist dagegen n gerade, so ist $m = \dfrac{n}{2}$, und es gilt

$$n\,\alpha_m = \sum_{j=1}^{n} (-1)^j a_j\,; \quad \beta_m = 0. \tag{13}$$

Wir bezeichnen $P(x_i)$ mit P_i und $\alpha_j \cos j x_i + \beta_j \sin j x_i$ mit P_{ij} ($i = 1, 2, \ldots,$ ad inf.; $j = 1, \ldots, m$). Es gilt dann offenbar

$$\Delta^k a_i = \Delta^k P_i = \Delta^k P_{i1} + \ldots + \Delta^k P_{im}, \tag{14}$$

wobei $\Delta^k P_i$ und $\Delta^k P_{ij}$ die k-te endliche Differenz des i-ten Gliedes der periodischen Reihe $\{P_i\}$, bzw. $\{P_{ij}\}$ ($i = 1, 2, \ldots,$ ad inf.) bedeutet.

Aus (14) folgt dann mit Rücksicht auf 2

$$\sigma(a)_k^2 = \frac{\sum\limits_{i=1}^{n} (\Delta^k P_{i1})^2 + \ldots + \sum\limits_{i=1}^{n} (\Delta^k P_{im})^2}{n\,C_{2k}^k}. \tag{15}$$

Nach Formel (5) und Satz **1** gilt offenbar:

$$\frac{\sum\limits_{i=1}^{n} (\Delta^k P_{i\nu})^2}{n\,C_{2k}^k} = \frac{(\alpha_\nu^2 + \beta_\nu^2)\left(2 \sin \dfrac{\nu \pi}{n}\right)^{2k}}{2\,C_{2k}^k}$$
$$(\nu = 1, \ldots,\ m-1;\ k = 1, 2, \ldots,\ \text{ad inf.})$$

und

$$\frac{\sum\limits_{i=1}^{n}(\varDelta^k P_{im})^2}{n\, C_{2k}^k} = \frac{(\alpha_m^2 + \beta_m^2)\left(2\sin\dfrac{m\,\pi}{n}\right)^{2k}}{l\, C_{2k}^k},$$

wobei $l = 1$ oder $= 2$ ist, je nachdem, ob n eine gerade oder ungerade Zahl ist.

Es gilt also folgender Satz:

3. *Ist* $\{a_i\}$ *($i = 1, 2, \ldots, ad\ inf.$) eine periodische Reihe, wobei die* n *Glieder* $a_1, \ldots, a_n$ *eine Periode bilden, ist ferner* A_ν *die Amplitude der ν-ten Oberwelle von* $\{a_i\}$ *für* $\nu = 1, \ldots, m$, *wobei* $m = \dfrac{n}{2}$ *oder* $= \dfrac{n-1}{2}$, *je nachdem, ob* n *eine gerade oder eine ungerade Zahl ist, so gilt:*

$$\sigma\,(a)_k^2 = \frac{\sum\limits_{\nu=1}^{m-1} A_\nu^2 \left(2\sin\dfrac{\nu\,\pi}{n}\right)^{2k}}{2\, C_{2k}^k} + \frac{A_m^2 \left(2\sin\dfrac{m\,\pi}{n}\right)^{2k}}{l\, C_{2k}^k}$$

$$(k = 1, 2, \ldots, ad\ inf.),$$

wobei $l = 1$ *oder* $= 2$ *ist, je nachdem, ob* n *eine gerade oder eine ungerade Zahl ist.*

Wir beweisen nun den Satz:

4. *Der Ausdruck* $\dfrac{\alpha^{2k}}{C_{2k}^k}$ *konvergiert mit wachsendem k gegen 0, falls* $|\alpha| < 2$, *und gegen* ∞, *falls* $\alpha = 2$ *ist.*

Es gilt nämlich

$$\frac{C_{2k+2}^{k+1}}{C_{2k}^k} = 4\,\frac{k + \dfrac{1}{2}}{k+1} \quad (k = 1, 2, \ldots, ad\ inf.), \tag{16}$$

also ist

$$\frac{\alpha^{2k+2}}{C_{2k+2}^{k+1}} : \frac{\alpha^{2k}}{C_{2k}^k} = \left(\frac{\alpha}{2}\right)^2 \frac{k+1}{k+\dfrac{1}{2}}.$$

Da $\left(\dfrac{\alpha}{2}\right)^2 \dfrac{k+1}{k+\dfrac{1}{2}}$ mit wachsendem k gegen $\left(\dfrac{\alpha}{2}\right)^2$ konvergiert,

so ist für $|\alpha| < 2$ offenbar $\lim \dfrac{\alpha^{2k}}{C_{2k}^{k}} = 0$. Ist $\alpha = 2$, so gilt

$\dfrac{\alpha^{2k+2}}{C_{2k+2}^{k+1}} : \dfrac{\alpha^{2k}}{C_{2k}^{k}} = \dfrac{k+1}{k+\dfrac{1}{2}}$. Also ist $\lim\limits_{k=\infty} \dfrac{2^{2k}}{C_{2k}^{k}} = \infty$, falls das unend-

liche Produkt $\prod\limits_{k=1}^{\infty} \dfrac{k+1}{k+\dfrac{1}{2}} = \infty$. Dies ist dann und nur dann der

Fall, wenn $\sum\limits_{k=1}^{\infty} \log \dfrac{k+1}{k+\dfrac{1}{2}} = \infty$ ist. Man bestätigt leicht, daß

$$\log \dfrac{k+1}{k+\dfrac{1}{2}} > \dfrac{1}{4k+2} \text{ gilt } (k = 1, 2, \ldots, \text{ad inf.}).$$

Da bekanntlich $\sum\limits_{k=1}^{\infty} \dfrac{1}{4k+2} = \infty$, so gilt erst recht

$\sum\limits_{k=1}^{\infty} \log \dfrac{k+1}{k+\dfrac{1}{2}} = \infty$, womit **4** bewiesen ist.

Da $\left|2 \sin \dfrac{\nu\pi}{n}\right|$ für $\nu < \dfrac{n}{2}$ kleiner als 2 ist, so folgt mühelos

aus **3** und **4**, daß, falls n ungerade ist, $\lim\limits_{k=\infty} \sigma\,(a)_k^2 = 0$ ist, und

falls n gerade ist, $\lim\limits_{k=\infty} \sigma\,(a)_k^2 = 0$ oder ∞ ist, je nachdem, ob

$$A_{\frac{n}{2}} = \dfrac{\left|\sum\limits_{j=1}^{n} (-1)^j\, a_j\right|}{n} = \text{oder} \neq 0 \text{ ist. Damit ist das Theorem I}$$

in allen Stücken bewiesen.

Ist $\{a_i\}$ $(i = 1, 2, \ldots, \text{ad inf.})$ eine periodische Reihe, wobei eine Periode aus den Gliedern $a_1, \ldots, a_n$ besteht, bezeichnet ferner A_ν die Amplitude der ν-ten Oberwelle von $\{a_i\}$ für

$v = 1, 2, \ldots, m$, wobei $m = \dfrac{n}{2}$ oder $\dfrac{n-1}{2}$ ist, je nachdem, ob n eine gerade oder ungerade Zahl ist, und setzen wir

$$\frac{A_v^2 \left(2\sin\dfrac{v\pi}{n}\right)^{2k}}{2\,C_{2k}^k} = B_{vk} \quad \text{für } v = 1, \ldots, m-1;$$

$$\frac{A_m^2 \left(2\sin\dfrac{m\pi}{n}\right)^{2k}}{l\,C_{2k}^k} = B_{mk},$$

wobei $l = 1$ oder 2 ist, je nachdem, ob n eine gerade oder ungerade Zahl ist, so gilt nach **3**

$$\sigma(a)_k^2 = B_{1k} + \ldots + B_{mk}. \tag{17}$$

Ist v eine natürliche Zahl $\leq m$, für welche $A_v \neq 0$ ist, so gilt

$$\frac{B_{vk+1}}{B_{vk}} = \left(2\sin\frac{v\pi}{n}\right)^2 \frac{C_{2k}^k}{C_{2k+1}^{k+1}} = \left(\sin\frac{v\pi}{n}\right)^2 \frac{k+1}{k+\dfrac{1}{2}}. \tag{18}$$

Da $\sin\dfrac{\pi}{n} < \sin\dfrac{2\pi}{n} < \sin\dfrac{3\pi}{n} < \ldots < \sin\dfrac{m\pi}{n}$ gilt, so folgt aus (18)

$$\frac{\displaystyle\sum_{v=1}^{v_0} B_{vk+1}}{\displaystyle\sum_{v=1}^{v_0} B_{vk}} \leqq \frac{B_{v_0k+1}}{B_{v_0k}} = \left(\sin\frac{v_0\pi}{n}\right)^2 \frac{k+1}{k+\dfrac{1}{2}} \tag{19}$$

und

$$\left(\sin\frac{v_0\pi}{n}\right)^2 \frac{k+1}{k+\dfrac{1}{2}} = \frac{B_{v_0k+1}}{B_{v_0k}} \leqq \frac{\displaystyle\sum_{v=v_0}^{m} B_{vk+1}}{\displaystyle\sum_{v=v_0}^{m} B_{vk}} \leqq \frac{B_{mk+1}}{B_{mk}} =$$

$$= \left(\sin\frac{m\pi}{n}\right)^2 \frac{k+1}{k+\dfrac{1}{2}} \tag{20}$$

für jede natürliche Zahl $v_0 \leqq m$, für welche $A_{v_0} \neq 0$ ist. Setzt man in (20) für v_0 die kleinste natürliche Zahl ein, für welche $A_{v_0} \neq 0$ ist, so ergibt sich:

$$\frac{\sigma(a)^2_{k+1}}{\sigma(a)^2_k} \leq \left(\sin \frac{m\pi}{n}\right)^2 \frac{k+1}{k+\frac{1}{2}} \leq \frac{k+1}{k+\frac{1}{2}} \quad (k = 1, 2, \ldots, \text{ad inf.}).$$

Es gilt also das folgende

Theorem II: *Ist $\{a_i\}$ (i = 1, 2, $\ldots$, ad inf.) irgend eine nicht konstante periodische Reihe, so gilt für jede natürliche Zahl k die Ungleichung:*

$$\frac{\sigma(a)^2_{k+1}}{\sigma(a)^2_k} \leq \frac{k+1}{k+\frac{1}{2}}.$$

Bezeichnet m' die größte natürliche Zahl $\leq m$, für welche $A_{m'} \neq 0$ ist, so bestätigt man mühelos, daß

$$\lim_{k=\infty} \frac{\sum\limits_{v=1}^{m'-1} B_{vk}}{B_{m'k}} = 0 \text{ ist.}$$

Daraus folgt unmittelbar, daß

$$\lim_{k=\infty} \frac{\sigma(a)^2_{k+1}}{\sigma(a)^2_k} = \lim_{k=\infty} \frac{B_{m'k+1}}{B_{m'k}} = \lim_{k=\infty} \left(\sin \frac{m'\pi}{n}\right)^2 \frac{k+1}{k+\frac{1}{2}} =$$

$$= \left(\sin \frac{m'\pi}{n}\right)^2.$$

Es gilt daher das

Theorem III: *Ist $\{a_i\}$ (i = 1, 2, $\ldots$, ad inf.) eine nicht konstante periodische Reihe und m' die größte natürliche Zahl mit der Eigenschaft, daß die Amplitude der m'-ten Oberwelle von $\{a_i\} \neq 0$ ist, so gilt:*

$$\lim_{k=\infty} \frac{\sigma(a)^2_{k+1}}{\sigma(a)^2_k} = \left(\sin \frac{m'\pi}{n}\right)^2.$$

Wir wollen die gewonnenen Ergebnisse zunächst auf die

Saisonbewegungen von statistischen Reihen anwenden. Wir machen die vereinfachende Annahme, daß die statistischen Daten monatlich gegeben sind und die Saisonschwankung eine periodische Funktion mit der Periodenlänge von 12 Monaten ist. Die Saisonschwankung sei durch ihre 12 Monatswerte: $a_1, \ldots, a_{12}$ gegeben. Wir betrachten die periodische Reihe $\{a_i\}$ $(i = 1, 2, \ldots,$ ad inf.), die aus Wiederholung der Periode $a_1, \ldots, a_{12}$ entsteht; es ist also $a_{12n+j} = a_j$ für jede natürliche Zahl n und $1 \leq j \leq 12$. Nach unserem Theorem I wird $\{\sigma(a)_k^2\}$ mit wachsendem k

gegen ∞ oder 0 konvergieren, je nachdem, ob $a = \dfrac{\sum\limits_{j=1}^{12}(-1)^j a_j}{12} \neq$

oder $= 0$ ist. Da in den Anwendungen die Werte von $\sigma(a)_k^2$ in der Regel nur für kleine Werke von k, etwa für $k \leq 10$ berechnet werden, so ist im Falle $a \neq 0$ wichtig, abzuschätzen, von welchem Glied angefangen das Wachsen der Reihe $\{\sigma(a)_i^2\}$ $(i = 1, 2, \ldots,$ ad inf.) deutlich zum Vorschein kommt. Um dies zu untersuchen, betrachten wir das trigonometrische Polynom $P(x)$ 6-ten Grades, für welches $P\left(j\,\dfrac{2\pi}{12}\right) = a_j$ $(j = 1, \ldots, 12)$ gilt. Wir wollen $P\left(j\,\dfrac{2\pi}{12}\right)$ auch mit P_j bezeichnen $(j = 1, 2, \ldots,$ ad inf.). Es ist $P(x) =$
$= \alpha_0 + \alpha_1 \cos x + \beta_1 \sin x + \ldots + \alpha_5 \cos 5x + \beta_5 \sin 5x + a \cos 6x$,
wobei die Koeffizienten $\alpha_0, \alpha_1, \ldots, \alpha_5, \beta_1, \ldots, \beta_5$ durch die Gl. (10),

(11) bestimmt sind und a nach (13) gleich $\dfrac{\sum\limits_{j=1}^{12}(-1)^j a_j}{12}$ ist. Es gilt offenbar $P_i = a_i$ für $i = 1, 2, \ldots,$ ad inf.

Bezeichnen wir $P\left(x + \dfrac{2\pi}{12}\right) - P(x)$ mit $\Delta^1 P(x)$ und für jede natürliche Zahl $k > 1$, $\Delta^{k-1} P\left(x + \dfrac{2\pi}{12}\right) - \Delta^{k-1} P(x)$ mit $\Delta^k P(x)$, so gilt offenbar

$$\Delta^k P\left(j\,\frac{2\pi}{12}\right) = \Delta^k a_j \quad (j = 1, 2, \ldots, \text{ad inf.}; \ k = 1, 2, \ldots, \text{ad. inf.}).$$

$\Delta^k P(x)$ ist ebenfalls ein trigonometrisches Polynom 6-ten Grades, also

$$\Delta^k P(x) = \alpha_{1k} \cos x + \beta_{1k} \sin x + \cdots$$
$$\cdots + \alpha_{6k} \cos 6x + \beta_{6k} \sin 6x.$$

Bezeichnet man die Amplitude $\sqrt{\alpha_\nu^2 + \beta_\nu^2}$ der ν-ten Oberwelle ($\nu = 1, 2, \ldots 6$) in $P(x)$ mit A_ν und die Amplitude $\sqrt{\alpha_{\nu k}^2 + \beta_{\nu k}^2}$ der ν-ten Oberwelle in $\Delta^k P(x)$ mit $A_{\nu k}$, so gilt nach Formel (5) offenbar

$$A_{\nu k} = A_\nu \left(2 \sin \frac{\nu \pi}{12}\right)^k.$$

Wir geben die Werte von $A_{\nu k}$ für $\nu = 1, \ldots, 6$ und $k = 1, 2, \ldots, 10$ in nebenstehender Tabelle 1 an. Man sieht, daß die Amplitude der Grundwelle mit der Ordnung k der Differenz sehr rasch abnimmt, die der zweiten Oberwelle bleibt konstant, hingegen steigen die Amplituden der 5-ten und 6-ten Oberwelle mit wachsendem k sehr rasch an. Nach 3 gilt:

$$\sigma(a)_k^2 = \frac{\sum_{\nu=1}^5 A_\nu^2 \left(2 \sin \dfrac{\nu \pi}{12}\right)^{2k}}{2 C_{2k}^k} + {}+ \frac{A_6^2\, 2^{2k}}{C_{2k}^k}. \qquad (21)$$

Bezeichnet man $\dfrac{A_{\nu k}^2}{2 C_{2k}^k}$ für $\nu = 1,$

Tabelle 1. Werte von $A_{\nu k}$

	$k=1$	$k=2$	$k=3$	$k=4$	$k=5$	$k=6$	$k=7$	$k=8$	$k=9$	$k=10$
$\nu=1$	$0{\cdot}518 A_1$	$0{\cdot}268 A_1$	$0{\cdot}139 A_1$	$0{\cdot}072 A_1$	$0{\cdot}037 A_1$	$0{\cdot}019 A_1$	$0{\cdot}01 A_1$	$0{\cdot}005 A_1$	$0{\cdot}0026 A_1$	$0{\cdot}0014 A_1$
$\nu=2$	A_2	A_2	A_2	A_2	A_2	A_2	A_2	A_2	A_2	A_2
$\nu=3$	$1{\cdot}41 A_3$	$2 A_3$	$2{\cdot}82 A_3$	$4 A_3$	$5{\cdot}65 A_3$	$8 A_3$	$11{\cdot}3 A_3$	$16 A_3$	$22{\cdot}6 A_3$	$32 A_3$
$\nu=4$	$1{\cdot}73 A_4$	$3 A_4$	$5{\cdot}2 A_4$	$9 A_4$	$15{\cdot}6 A_4$	$27 A_4$	$46{\cdot}76 A_4$	$81 A_4$	$140{\cdot}3 A_4$	$243 A_4$
$\nu=5$	$1{\cdot}93 A_5$	$3{\cdot}73 A_5$	$7{\cdot}21 A_5$	$13{\cdot}93 A_5$	$26{\cdot}92 A_5$	$52{\cdot}01 A_5$	$100{\cdot}5 A_5$	$194 A_5$	$375 A_5$	$725 A_5$
$\nu=6$	$2 A_6$	$4 A_6$	$8 A_6$	$16 A_6$	$32 A_6$	$64 A_6$	$128 A_6$	$256 A_6$	$512 A_6$	$1024 A_6$

Tabelle 2.

	$k=1$	$k=2$	$k=3$	$k=4$	$k=5$
$\nu=1$	$0{\cdot}0671\,A_1^2$	$0{\cdot}00599\,A_1^2$	$0{\cdot}483\,.\,10^{-3}A_1^2$	$0{\cdot}370\,.\,10^{-4}A_1^2$	$0{\cdot}272\,.\,10^{-5}A_1^2$
$\nu=2$	$0{\cdot}25\,A_2^2$	$0{\cdot}083\,A_2^2$	$0{\cdot}025\,A_2^2$	$0{\cdot}007\,A_2^2$	$0{\cdot}002\,A_2^2$
$\nu=3$	$0{\cdot}5\,A_3^2$	$0{\cdot}33\,A_3^2$	$0{\cdot}2\,A_3^2$	$0{\cdot}113\,A_3^2$	$0{\cdot}063\,A_3^2$
$\nu=4$	$0{\cdot}75\,A_4^2$	$0{\cdot}75\,A_4^2$	$0{\cdot}675\,A_4^2$	$0{\cdot}579\,A_4^2$	$0{\cdot}482\,A_4^2$
$\nu=5$	$0{\cdot}93\,A_5^2$	$1{\cdot}16\,A_5^2$	$1{\cdot}29\,A_5^2$	$1{\cdot}386\,A_5^2$	$1{\cdot}438\,A_5^2$
$\nu=6$	$2\,A_6^2$	$2{\cdot}667\,A_6^2$	$3{\cdot}2\,A_6^2$	$3{\cdot}657\,A_6^2$	$4{\cdot}063\,A_6^2$

$2, \ldots, 5$ mit $B_{\nu k}$ und $\dfrac{A_{6k}^2}{C_{2k}^k}$ mit $B_{6\,k}$, so ergeben sich für $1 \leqq k \leqq 10$ die folgenden Werte für $B_{\nu k}$, wie Tabelle 2 zeigt.

Man sieht, daß B_{1k}, B_{2k}, B_{3k} mit wachsendem k sehr rasch abnehmen. Die Reihe B_{4k} nimmt von $k=2$ angefangen mit wachsendem k ebenfalls ab. Die Abnahme geht zwar langsam vor sich, jedoch so stark, daß sie nach den ANDERSONschen Kriterien nicht als stabil betrachtet werden kann. Die Reihe B_{5k} steigt bis $k=7$ langsam an, dann nimmt sie kaum merklich ab. Schließlich steigt die Reihe B_{6k} monoton mit wachsendem k; sie bildet also ein Z-Element im Sinne von ANDERSON.

Da nach Formel (21)

$$\sigma\,(a)_k^2 = B_{1k} + \ldots + B_{5k} + B_{6k}$$

ist, so wird die Reihe $\{\sigma\,(a)_k^2\}$ $(k=1, \ldots, 10)$ sich von jenem $k < 10$ angefangen als stabil oder leicht steigend erweisen, für welches $B_{1k} + \ldots + B_{4k}$ schon klein gegenüber $B_{5k} + B_{6k}$ ist.

Aus Tabelle 2 sieht man, daß $B_{1k} + B_{2k} + B_{3k}$ mit wachsendem k sehr rasch abnimmt; also wird im allgemeinen $B_{5k} + B_{6k}$ schon für $k < 10$ viel größer als $B_{1k} + B_{2k} + B_{3k}$ sein, ausgenommen den Fall, daß $A_5 + A_6 = 0$ oder sehr klein ist. Ist z. B. A_5 oder A_6 größer als die größte der Zahlen $\dfrac{A_1}{10^4}$, $\dfrac{A_2}{10^2}$, $\dfrac{A_3}{10}$, so ergibt sich aus Tabelle 2, daß $B_{5\,10} + B_{6\,10}$ schon viel größer

Werte von $B_{\nu k}$

$k = 6$	$k = 7$	$k = 8$	$k = 9$	$k = 10$
$0{\cdot}195.10^{-6}A_1^2$	$0{\cdot}146.10^{-7}A_1^2$	$0{\cdot}971.10^{-9}A_1^2$	$0{\cdot}695.10^{-10}A_1^2$	$0{\cdot}530.10^{-11}A_1^2$
$0{\cdot}541.10^{-3}A_2^2$	$0{\cdot}146.10^{-3}A_2^2$	$0{\cdot}388.10^{-4}A_2^2$	$0{\cdot}103.10^{-4}A_2^2$	$0{\cdot}271.10^{-5}A_2^2$
$0{\cdot}035\,A_3^2$	$0{\cdot}019\,A_3^2$	$0{\cdot}01\,A_3^2$	$0{\cdot}005\,A_3^2$	$0{\cdot}0028\,A_3^2$
$0{\cdot}394\,A_4^2$	$0{\cdot}319\,A_4^2$	$0{\cdot}255\,A_4^2$	$0{\cdot}202\,A_4^2$	$0{\cdot}16\,A_4^2$
$1{\cdot}464\,A_5^2$	$1{\cdot}471\,A_5^2$	$1{\cdot}462\,A_5^2$	$1{\cdot}446\,A_5^2$	$1{\cdot}422\,A_5^2$
$4{\cdot}433\,A_6^2$	$4{\cdot}774\,A_6^2$	$5{\cdot}092\,A_6^2$	$5{\cdot}392\,A_6^2$	$5{\cdot}675\,A_6^2$

als $B_{1\,10} + B_{2\,10} + B_{3\,10}$ ist. Ist A_4 kleiner als die größere der Zahlen A_5 und A_6, so ist nach Tabelle 2 $B_{4\,10} < \dfrac{B_{5\,10} + B_{6\,10}}{9}$. Man sieht also: Ist A_4 nicht größer als die größere der beiden Zahlen A_5 und A_6 und ist $A_5 + A_6$ nicht besonders klein, etwa nicht kleiner als die größte der Zahlen $\dfrac{A_1}{10^4}$, $\dfrac{A_2}{10^2}$, $\dfrac{A_3}{10}$, so wird $B_{1k} + \ldots + B_{4k}$ schon für $k < 10$ klein gegenüber $B_{5k} + B_{6k}$ sein und mithin wird sich die Reihe $\{\sigma\,(a)_k^2\}$ schon von einem $k < 10$ angefangen als stabil oder leicht steigend erweisen.

Wir wollen noch bemerken, daß eine periodische Reihe $\{a_i\}$ ($i = 1, 2, \ldots$, ad inf.) mit der Periode $a_1, \ldots, a_{12}$ äußerlich einen „genügend" glatten Verlauf haben kann, obzwar die Amplitude A_5 oder A_6 so groß ist, daß die Reihe der $\sigma\,(a)_k^2$ schon von $k < 10$ angefangen stabil, bzw. monoton steigend ist. In Fig. 3 ist die periodische Funktion $P(x) = \sin x + \dfrac{\cos 6 x}{20}$ dargestellt; sie zeigt einen „genügend" glatten Verlauf. Setzt man $a_j = P\left(j\,\dfrac{2\,\pi}{12}\right)$ ($j = 1, \ldots, 12$), so erhält man für $\sigma\,(a)_k^2$ folgende Werte:

$\sigma\,(a)_1^2 = 0{\cdot}072;\quad \sigma\,(a)_2^2 = 0{\cdot}0127;\quad \sigma\,(a)_3^2 = 0{\cdot}0085;\quad \sigma\,(a)_4^2 = 0{\cdot}0091;$
$\sigma\,(a)_5^2 = 0{\cdot}0102;\quad \sigma\,(a)_6^2 = 0{\cdot}0111;\quad \sigma\,(a)_7^2 = 0{\cdot}0119;\quad \sigma\,(a)_8^2 = 0{\cdot}0126;$
$\sigma\,(a)_9^2 = 0{\cdot}0135;\quad \sigma\,(a)_{10}^2 = 0{\cdot}0142.$

Sie steigen monoton schon von $k = 3$ angefangen.

Man sieht also, daß man aus dem „glatten" Verlauf einer periodischen Reihe noch keineswegs schließen kann, daß die Reihe der $\sigma\,(a)_k^2$ mit wachsendem k abnimmt.

Wir gehen nun zur Untersuchung einiger periodischer Reihen über, die in wirtschaftsstatistischen Reihen als Saisonbewegung auftreten.

Eine große Anzahl von Konsum- und Produktionsindizes zeigt im Dezember eine sehr starke saisonmäßige Erhöhung,

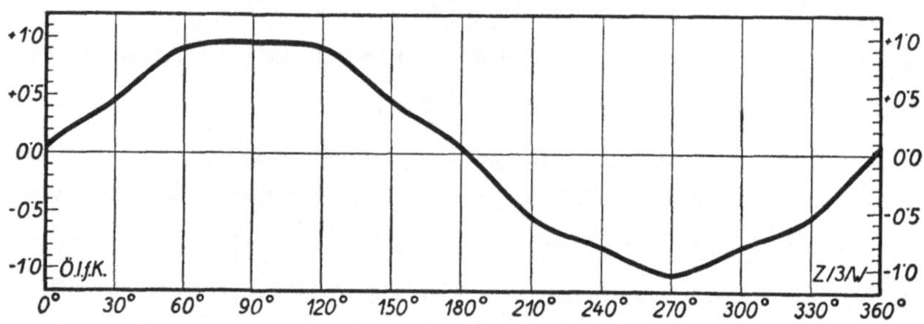

Fig. 3. Die periodische Reihe $\sin x + \dfrac{\cos 6\,x}{20}$

(arithmetischer Maßstab)

während in den übrigen 11 Monaten die Saisonausschläge relativ klein sind. In Österreich zeigen z. B. die folgenden Reihen ein solches Verhalten: Hausratumsätze, Gebühren für punzierte inländische Gold- und Silbergeräte, Lebensmittel- und Konfektionsumsätze, usw.

Wir werden daher untersuchen, wie die Reihe der $\sigma\,(a)_k^2$, gebildet für eine periodische Reihe $\{a_i\}$ ($i = 1, 2, \ldots,$ ad inf.), mit der Periode $a_1 = \ldots = a_{11} = 0$, $a_{12} = a \neq 0$ sich verhält. In diesem Falle ergibt sich für die Amplitude A_ν der ν-ten Oberwelle nach den Formeln (11) und 13):

$$A_\nu = \frac{a}{6} \ \ (\nu = 1, \ldots, 5); \quad A_6 = \frac{a}{12}.$$

Da A_5 und A_6 genügend groß gegenüber den übrigen Amplituden sind, so werden sie sich schon in den ersten Gliedern der Reihe $\sigma\,(a)_k^2$ bemerkbar machen. In der Tat ergibt sich $\sigma\,(a)_1^2 =$ $= \sigma\,(a)_2^2 = \ldots = \sigma\,(a)_{11}^2$. Es wird sich also für alle statistischen Reihen, die in einem Monat eine gegenüber den übrigen Monaten sehr starke Saisonbewegung aufweisen, die Reihe der $\sigma\,(a)_k^2$ schon in den ersten Gliedern als stabil erweisen.

Für die Reihe der Hausratumsätze ergaben sich für σ_k^2, ihre Differenzen $\sigma_{k+1}^2 - \sigma_k^2$ und deren mittleren Fehler, nach den ANDERSONschen Formeln berechnet,[1] folgende Werte:

Tabelle 3

	$k=1$	$k=2$	$k=3$	$k=4$	$k=5$	$k=6$
σ_k^2	10925	11849	12430	12791	13164	13311
$\sigma_{k+1}^2 - \sigma_k^2$	924	581	361	373	147	—
Mittlerer Fehler von $\sigma_{k+1}^2 - \sigma_k^2$	470	350	270	245	220	—
Verhältnis von $\sigma_{k+1}^2 - \sigma_k^2$ zu ihrem mittleren Fehler.....	1·97	1·66	1·34	1·52	0·67	—

Die Werte von σ_k^2 steigen mit wachsendem k, aber so schwach, daß sie als stabil betrachtet werden können. Nach dem ANDERSONschen Verfahren wird man dann annehmen, daß schon in den zweiten Differenzen keine Reste der mathematischen Erwartung vorhanden sind. Die zufällige Komponente wird also durch einen gleitenden 3-, 5-, 7-, 9- oder 11-Monatsdurchschnitt ausgeschaltet.[2] Dies liefert aber offenkundig unrichtige Ergebnisse, da die Ursprungsreihe in jedem Dezember regelmäßig eine sehr starke saisonmäßige Erhöhung zeigt; durch einen gleitenden Monatsdurchschnitt wären die Dezemberausschläge als zufällige Bewegungen ausgeschaltet. Die Stabilität der Reihe der σ_k^2 wird hier durch die starken Dezemberausschläge

---

[1] O. ANDERSON: Korrelationsrechnung. Die Quadrate der mittleren Fehler wurden nach den Formeln der Tabelle II auf S. 57 berechnet.
[2] O. ANDERSON: Korrelationsrechnung, S. 120.

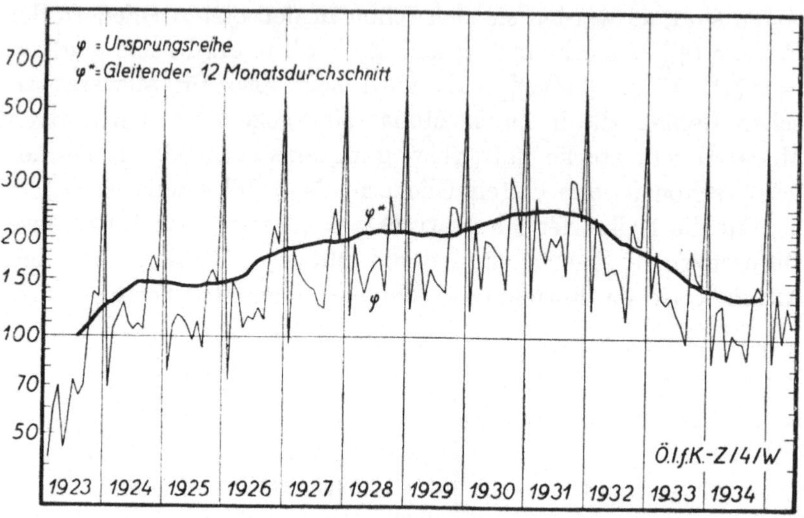

Fig. 4. Hausratumsätze I

Ursprungsreihe und gleitender 12-Monatsdurchschnitt (logarithmischer Maßstab, in Perzenten einer willkürlich gewählten Einheit)

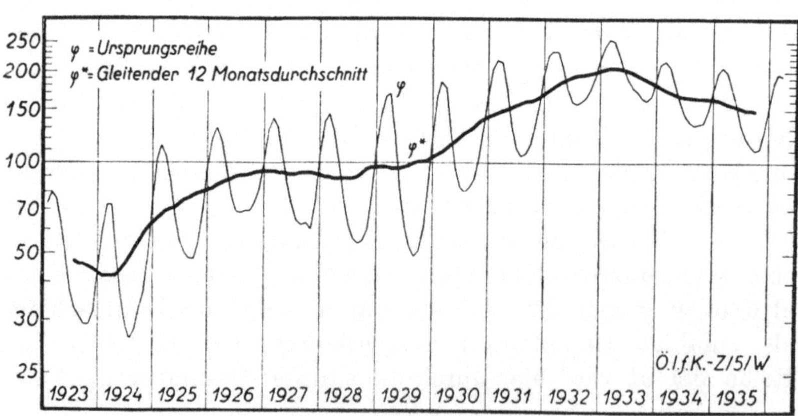

Fig. 5. Anzahl der unterstützten Arbeitslosen in Österreich Land

Ursprungsreihe und gleitender 12-Monatsdurchschnitt (logarithmischer Maßstab, in 1000 Personen)

der Ursprungsreihe bedingt und nicht dadurch, daß schon in den zweiten Differenzen keine Reste der mathematischen Erwartung mehr vorhanden wären. Fig. 4 stellt die Ursprungsreihe und ihren gleitenden 12-Monatsdurchschnitt dar.

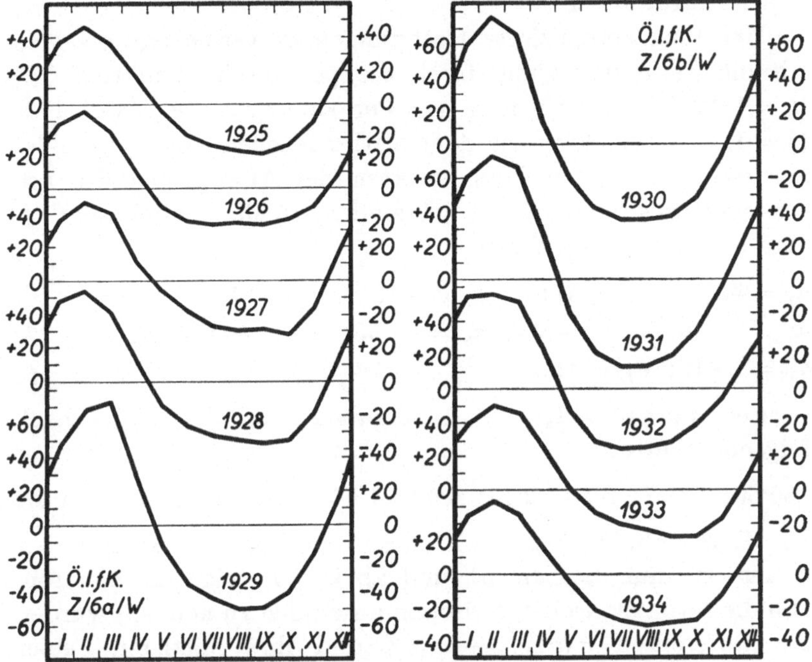

Fig. 6. Anzahl der unterstützten Arbeitslosen in Österreich Land
Jahreskurven der Differenz zwischen Ursprungsreihe und gleitendem 12-Monatsdurch-
schnitt (arithmetischer Maßstab, in 1000 Personen)

Wir wollen nun die Reihe der Anzahl der unterstützten Arbeitslosen in Österreich Land untersuchen, deren Saisonbewegung von ganz anderem Charakter ist. Es gibt hier keinen Monat, in welchem der Saisonausschlag besonders stark gegenüber allen übrigen Monaten wäre. Fig. 5 zeigt die Ursprungsreihe und ihren gleitenden 12-Monatsdurchschnitt. Zeichnet man (Fig. 6) für jedes Jahr die Abweichung des Ursprungs-

wertes von seinem gleitenden 12-Monatsdurchschnitt übereinander auf, so sieht man, daß die Reihe eine starke Saisonbewegung aufweist, deren Form recht gut erhalten bleibt und
bei der bloß die Intensität der Saisonausschläge mit der Zeit
sich langsam ändert.

Um allzu komplizierte Rechnungen zu vermeiden, ersetzen
wir die Saisonbewegung durch die periodische Funktion $\{a_i\}$
($i = 1, 2, \ldots,$ ad inf.) mit der Periode $a_1, \ldots, a_{12}$, wobei a_j
($j = 1, \ldots, 12$) gleich ist dem arithmetischen Mittel, gebildet
aus sämtlichen j-ten Monatswerten der Abweichung des Ursprungswertes von seinem gleitenden 12-Monatsdurchschnitt.
Man erhält folgende Werte:

$$a_1 = 43; \quad a_2 = 54; \quad a_3 = 47; \quad a_4 = 17;\cdot \quad a_5 = -10;$$
$$a_6 = -26; \quad a_7 = -31; \quad a_8 = -33; \quad a_9 = -32; \quad a_{10} = -27;$$
$$a_{11} = -12; \quad a_{12} = 15.$$

Für $\sigma\,(a)_k^2\,(k = 1, \ldots, 10)$ ergaben sich der Reihe nach
folgende Werte:

160·50; 23·17; 5·50; 2·43; 1·74; 1·57; 1·54; 1·54; 1·55; 1·57.

Die Reihe nimmt bis $k = 5$ stark ab. Von $k = 5$ bis $k = 7$
nimmt sie nur langsam ab und ab $k = 7$ steigt sie monoton.
Um die ANDERSONschen Kriterien anwenden zu können, wurden
die Differenzen $\sigma\,(a)_{k+1}^2 - \sigma\,(a)_k^2$ und ihre mittleren Fehler
berechnet.[1]) Es ergaben sich für $k = 6, \ldots, 9$ folgende Werte:

Tabelle 4

	$k = 6$	$k = 7$	$k = 8$	$k = 9$
Differenz $\sigma_{k+1}^2 - \sigma_k^2$	−0·03	0	0·01	0·02
Mittlerer Fehler der Differenz..	0·02	0·019	0·018	0·016
Verhältnis der Differenz zu ihrem mittleren Fehler......	1·5	0	0·55	1·25

[1]) O. ANDERSON: Korrelationsrechnung, S. 57. Für $k \geq 6$ wurden

Nach den ANDERSONschen Kriterien wird man also annehmen, daß in der 6-ten Differenz schon keine Reste der mathematischen Erwartung der Reihenglieder mehr vorhanden sind. Als die beste Annäherung an die mathematischen Erwartungswerte $E(a_j)$ von a_j $(j = 1, \ldots, 12)$ ergeben sich nach einer Formelgruppe[1]) von ANDERSON folgende Werte:

$$36{\cdot}19; \ 41{\cdot}50; \ 36{\cdot}51; \ 21{\cdot}93; \ 1{\cdot}62; \ -19{\cdot}11; \ -34{\cdot}73; \ -40{\cdot}59;$$
$$-35{\cdot}96; \ -20{\cdot}94; \ -0{\cdot}65; \ 20{\cdot}04.$$

Für die „zufällige Komponente" $x_j = a_j - E(a_j)$ $(j = 1, \ldots, 12)$ ergeben sich die folgenden Werte:

$$x_1 = 6{\cdot}81; \quad x_2 = 12{\cdot}50; \quad x_3 = 10{\cdot}49; \quad x_4 = -4{\cdot}93;$$
$$x_5 = -11{\cdot}62; \quad x_6 = -6{\cdot}89; \quad x_7 = 3{\cdot}73; \quad x_8 = 7{\cdot}59;$$
$$x_9 = 3{\cdot}96; \quad x_{10} = -6{\cdot}06; \quad x_{11} = -11{\cdot}35; \quad x_{12} = -5{\cdot}04.$$

Wie man sieht, ist die periodische Reihe x_j $(j = 1, \ldots, 12)$ nicht vernachlässigbar klein. Es ist daher anzunehmen, daß, wenn man die Differenzenanalyse auf die Ursprungsreihe der Anzahl der unterstützten Arbeitslosen anwendet, man als zufällige Komponente eine Reihe erhalten wird, die eine bemerkbare 12-monatliche Periodizität aufweist.

Es wurden noch die folgenden statistischen Reihen untersucht: Mitgliederstand bei den Wiener Krankenkassen; Stromverbrauch in Wien; Ausfuhr Österreichs insgesamt; von den Wiener städtischen Straßenbahnen beförderte Personen.

Als Saisonkomponente wurde für jede dieser Reihen die periodische Reihe $\{a_i\}$ $(i = 1, 2, \ldots, \text{ad inf.})$ mit der Periode $a_1, \ldots, a_{12}$ betrachtet, wobei a_j $(j = 1, \ldots, 12)$ gleich ist dem

---

die Quadrate der mittleren Fehler nach Formel (40) S. 113 berechnet. Für die in dieser Formel auftretende apriorische Streuung μ_2 wurde $\sigma(a)_6^2$ eingesetzt, da für $k \geq 6$ die Reihe $\sigma(a)_k^2$ schon genügend stabil erscheint. Für die Anzahl N der Reihenglieder wurde 150 eingesetzt.

[1]) O. ANDERSON: Korrelationsrechnung, S. 121. Es wurde die 5. Annäherungsformel verwendet.

Tabelle 5

	a_1	a_2	a_3	a_4	a_5	a_6	a_7	a_8	a_9	a_{10}	a_{11}	a_{12}
Mitgliederstand bei den Wiener Krankenkassen.........	—24	—24	—9	+1	+7	+3	0	+3	+17	+23	+13	—12
Stromverbrauch in Wien	+6·6	+0·8	+1·1	—2·8	—3·7	—5·6	—5·0	—4·4	—2·1	+2·9	+4·4	+8·3
Ausfuhr insgesamt..	—33·1	—15·2	0	+1·5	—8·0	—1·3	—11·3	—3·7	+17·5	+16·9	+8·5	+24·1
Städtische Straßenbahnen; beförderte Personen..........	—152	—531	+77	+112	+365	+178	—172	—487	+37	+329	+33	+211

Tabelle 6

	$\sigma(a)_1^2$	$\sigma(a)_2^2$	$\sigma(a)_3^2$	$\sigma(a)_4^2$	$\sigma(a)_5^2$	$\sigma(a)_6^2$	$\sigma(a)_7^2$	$\sigma(a)_8^2$	$\sigma(a)_9^2$	$\sigma(a)_{10}^2$
Mitgliederstand bei den Wiener Krankenkassen	62·50	19·17	7·60	4·41	3·62	3·53	3·64	3·81	4·00	4·18
Stromverbrauch in Wien	4·36	2·05	1·83	1·81	1·79	1·77	1·73	1·70	1·66	1·62
Ausfuhr Österreichs insgesamt	203·42	186·17	178·75	173·74	169·52	165·91	162·98	160·76	159·23	158·30
Wiener Städtische Straßenbahnen; beförderte Personen.............	60255	44340	37,366	33804	31349	29329	27578	26055	24736	23600

arithmetischen Mittel aus sämtlichen j-ten Monatswerten der Abweichung der Ursprungsreihe von ihrem gleitenden 12-Monatsdurchschnitt.

Es ergaben sich folgende Werte der gegenüberstehenden Tabelle 5.

Typen von Saisonschwankungen (arithmetischer Maßstab)

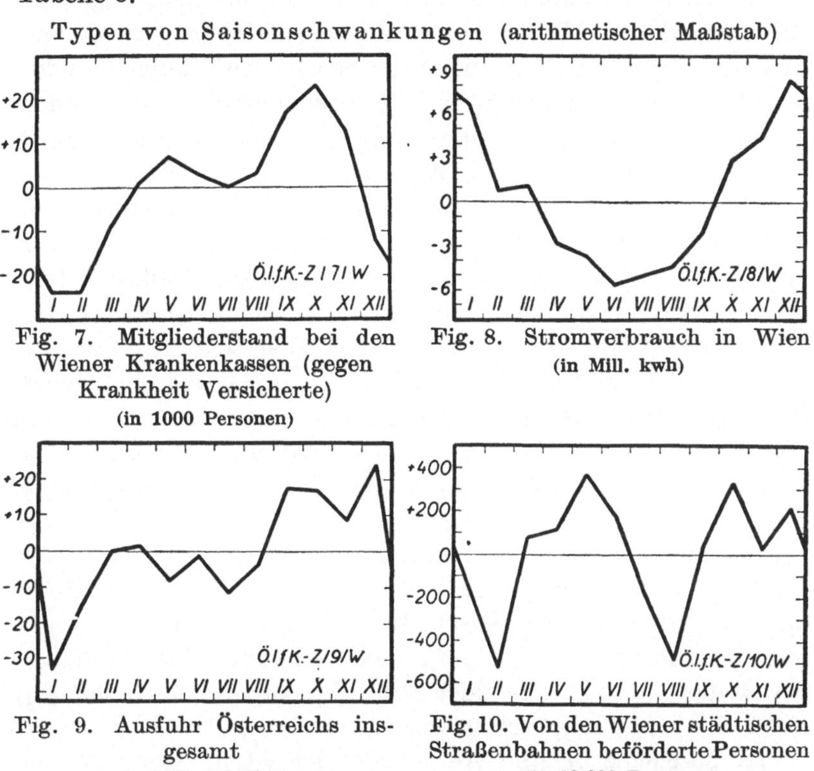

Fig. 7. Mitgliederstand bei den Wiener Krankenkassen (gegen Krankheit Versicherte) (in 1000 Personen)

Fig. 8. Stromverbrauch in Wien (in Mill. kwh)

Fig. 9. Ausfuhr Österreichs insgesamt (in Mill. Schilling)

Fig. 10. Von den Wiener städtischen Straßenbahnen beförderte Personen (in 10.000 Personen)

Die Fig. 7 bis 10 stellen die Saisonkomponenten graphisch dar. Für die $\sigma(a)_k^2$ erhält man die folgenden Werte der Tabelle 6.

Man sieht also, daß in allen diesen Fällen die Reihe der $\sigma(a)_k^2$ schon von $k = 6$ angefangen nur langsam abnimmt oder leicht steigt. Die Differenzenanalyse kann daher in diesen

Fällen erst *nach* Ausschaltung der Saisonkomponente angewendet werden.

Unsere theoretischen Überlegungen, wie auch die angeführten
Beispiele der statistischen Reihen zeigen, daß in den Fällen, wo
starke Saisonschwankungen auftreten, die Voraussetzungen der
Anwendbarkeit der Differenzenmethode nicht immer gegeben sind.
Es empfiehlt sich daher, zuerst die Saisonschwankungen auszu-
schalten und erst nachher die Differenzenmethode anzuwenden.

Unsere bisherigen Untersuchungen bezogen sich ausschließlich auf periodische Reihen. Wir können jedoch die gewonnenen
Ergebnisse auf beliebige statistische Reihen anwenden, und
zwar aus folgenden Gründen: Eine statistische Reihe besteht
aus endlich vielen Gliedern: $a_1, \ldots, a_N$. Die Reihe $\{\sigma (a)_k^2\}$
$(k = 1, 2, \ldots)$ wird höchstens bis zu einem k berechnet, das
gegenüber der Anzahl N der Reihenglieder sehr klein ist. Ersetzt man die statistische Reihe $a_1, \ldots, a_N$ durch die unend-
liche periodische Reihe $\{a_i\}$ $(i = 1, 2, \ldots, \text{ad inf.})$, die durch
Wiederholung der Reihe $a_1, \ldots, a_N$ entsteht, also $a_{iN+j} = a_j$
$(i = 1, 2, \ldots, \text{ad inf.})$, so kann man für kleine Werte von k,
das $\sigma (a)_k^2$ der endlichen Reihe $a_1, \ldots, a_N$, durch das $\sigma (a)_k^2$ der
periodischen Reihe $\{a_i\}$ $(i = 1, 2, \ldots, \text{ad inf.})$ ersetzen. Wir
werden daher im folgenden die gegebene statistische Reihe
$a_1, \ldots, a_N$ durch die periodische Reihe $\{a_i\}$ $(i = 1, 2, \ldots, \text{ad inf.})$
mit der Periode $a_1, \ldots, a_N$ ersetzen und das Verhalten
der Reihe $\{\sigma (a)_k^2\}$, gebildet für die periodische Reihe $\{a_i\}$
$(i = 1, 2, \ldots, \text{ad inf.})$, untersuchen.

Es bezeichne A_ν die Amplitude der ν-ten Oberwelle von
$\{a_i\}$ für $\nu = 1, \ldots, m$, wobei $m = \dfrac{N}{2}$ oder $\dfrac{N-1}{2}$, je nachdem,
ob N eine gerade oder ungerade Zahl ist. Nach Satz **3** gilt dann:

$$\sigma (a)_k^2 = \frac{\sum\limits_{\nu=1}^{m-1} A_\nu^2 \left(2 \sin \frac{\nu \pi}{N}\right)^{2k}}{2\, C_{2k}^k} + \frac{A_m^2 \left(2 \sin \frac{m \pi}{N}\right)^{2k}}{l\, C_{2k}^k},$$

wobei $l = 1$ oder 2 ist, je nachdem, ob N eine gerade oder ungerade Zahl ist. Ist für jedes $\nu > \nu_0$, $A_\nu = 0$, so gilt nach (19)

$$\frac{\sigma(a)_{k+1}^2}{\sigma(a)_k^2} \leqq \left(\sin\frac{\nu_0\,\pi}{N}\right)^2 \frac{k+1}{k+\dfrac{1}{2}}. \tag{22}$$

Wir wollen nun den Fall untersuchen, wo die Reihe $\{a_i\}$ auch hohe Oberwellen besitzt. Es sei ν_0 eine natürliche Zahl $< m$ und $\sum\limits_{\nu=\nu_0+1}^{m} A_\nu^2 \neq 0$. Wir setzen

$$\frac{\sum\limits_{\nu=1}^{\nu_0} A_\nu^2}{\sum\limits_{\nu=\nu_0+1}^{m} A_\nu^2} = \lambda.$$

Es gilt dann für jede natürliche Zahl $\nu' \leqq \nu_0$ offenbar die Ungleichung:

$$\frac{\sum\limits_{\nu=1}^{\nu'} A_\nu^2\left(2\sin\dfrac{\nu\,\pi}{N}\right)^{2k}}{2\,C_{2k}^k} \leqq \frac{\left(\sum\limits_{\nu=1}^{\nu'} A_\nu^2\right)\left(2\sin\dfrac{\nu'\,\pi}{N}\right)^{2k}}{2\,C_{2k}^k} \leqq$$

$$\leqq \lambda \sum\limits_{\nu=\nu_0+1}^{m} A_\nu^2 \frac{\left(2\sin\dfrac{\nu'\,\pi}{N}\right)^{2k}}{2\,C_{2k}^k} = \lambda \frac{\left(2\sin\dfrac{\nu'\,\pi}{N}\right)^{2k}}{\left(2\sin\dfrac{\nu_0\,\pi}{N}\right)^{2k}} \cdot \frac{\sum\limits_{\nu=\nu_0+1}^{m} A_\nu^2\left(2\sin\dfrac{\nu_0\,\pi}{N}\right)^{2k}}{2\,C_{2k}^k} \leqq$$

$$\leqq \lambda \frac{\left(\sin\dfrac{\nu'\,\pi}{N}\right)^{2k}}{\left(\sin\dfrac{\nu_0\,\pi}{N}\right)^{2k}} \cdot \left[\frac{\sum\limits_{\nu=\nu_0+1}^{m-1} A_\nu^2\left(2\sin\dfrac{\nu\,\pi}{N}\right)^{2k}}{2\,C_{2k}^k} + \frac{A_m^2\left(2\sin\dfrac{m\,\pi}{N}\right)^{2k}}{l\,C_{2k}^k}\right].$$

Bezeichnet man $\dfrac{A_\nu^2\left(2\sin\dfrac{\nu\,\pi}{N}\right)^{2k}}{2\,C_{2k}^k}$ mit $B_{\nu k}$ für $\nu = 1,\ldots,m-1$

und $\dfrac{A_m^2 \left(2\sin\dfrac{m\,\pi}{N}\right)^{2k}}{l\,C_{2k}^k}$ mit B_{mk}, so ergibt sich aus den obigen Ungleichungen:

$$B_{1k} + \ldots + B_{v'k} \leqq \lambda \frac{\left(\sin\dfrac{v'\,\pi}{N}\right)^{2k}}{\left(\sin\dfrac{v_0\,\pi}{N}\right)^{2k}} \cdot (B_{v_0+1\,k} + \ldots + B_{mk}),$$

also erst recht

$$B_{1k} + \ldots + B_{v'k} \leqq \lambda \frac{\left(\sin\dfrac{v'\,\pi}{N}\right)^{2k}}{\left(\sin\dfrac{v_0\,\pi}{N}\right)^{2k}} \cdot (B_{v'+1\,k} + \ldots + B_{mk}).$$

Daraus folgt mühelos:

$$\frac{\sigma\,(a)_{k+1}^2}{\sigma\,(a)_k^2} \geqq \frac{1}{1 + \lambda \dfrac{\left(\sin\dfrac{v'\,\pi}{N}\right)^{2k}}{\left(\sin\dfrac{v_0\,\pi}{N}\right)^{2k}}} \cdot \frac{B_{v'+1\,k+1} + \ldots + B_{mk+1}}{B_{v'+1\,k} + \ldots + B_{mk}}.$$

Da offenbar

$$\frac{B_{v'+1\,k+1} + \ldots + B_{mk+1}}{B_{v'+1\,k} + \ldots + B_{mk}} \geqq \left(\sin\frac{v'\,\pi}{N}\right)^2 \frac{k+1}{k+\dfrac{1}{2}}$$

ist, so gilt:

$$\frac{\sigma\,(a)_{k+1}^2}{\sigma\,(a)_k^2} \geqq \frac{\left(\sin\dfrac{v'\,\pi}{N}\right)^2 \dfrac{k+1}{k+\dfrac{1}{2}}}{1 + \lambda \dfrac{\left(\sin\dfrac{v'\,\pi}{N}\right)^{2k}}{\left(\sin\dfrac{v_0\,\pi}{N}\right)^{2k}}} \cdot \qquad (23)$$

Zusammenfassend gilt also folgender Satz:

5. *Ist $\{a_i\}$ $(i = 1, 2, \ldots, ad\ inf.)$ eine periodische Reihe mit der Periode $a_1, \ldots, a_N$ und verschwindet die Amplitude A_v der v-ten Oberwelle für jedes v, das größer ist als ein gewisses $v_0 < m$*

$\left(m = \dfrac{N}{2} \text{ oder } \dfrac{N-1}{2}\right.$, *je nachdem, ob N eine gerade oder ungerade*

Zahl ist$\big)$, *so gilt für jede natürliche Zahl k die Ungleichung*

$$\frac{\sigma\,(a)^2_{k+1}}{\sigma\,(a)^2_k} \leqq \left(\sin\frac{v_0\,\pi}{N}\right)^2 \frac{k+1}{k+\dfrac{1}{2}}. \tag{I}$$

Ist dagegen $\displaystyle\sum_{v=v_0+1}^{m} A^2_v \neq 0$ *und setzt man*

$$\frac{\displaystyle\sum_{v=1}^{v_0} A^2_v}{\displaystyle\sum_{v=v_0+1}^{m} A^2_v} = \lambda,$$

ist ferner v′ irgend eine natürliche Zahl $\leqq v_0$, *so gilt die Ungleichung:*

$$\frac{\sigma\,(a)^2_{k+1}}{\sigma\,(a)^2_k} \geqq \frac{\left(\sin\dfrac{v'\,\pi}{N}\right)^2 \dfrac{k+1}{k+\dfrac{1}{2}}}{1+\lambda\left(\dfrac{\sin\dfrac{v'\,\pi}{N}}{\sin\dfrac{v_0\,\pi}{N}}\right)^{2\,k}} \tag{II}$$

für jede natürliche Zahl k.

Satz 5 liefert also eine Abschätzung für das Verhältnis $\dfrac{\sigma\,(a)^2_{k+1}}{\sigma\,(a)^2_k}$. Ist z. B. für jedes $v \geqq \dfrac{N}{3}$ die Amplitude A_v der v-ten Oberwelle von $\{a_i\} = 0$, so ergibt sich aus der Ungleichung (I)

$$\frac{\sigma\,(a)^2_{k+1}}{\sigma\,(a)^2_k} \leqq \left(\sin\frac{\pi}{3}\right)^2 \frac{k+1}{k+\dfrac{1}{2}} = \frac{3\,k+3}{4\,k+2}.$$

Die Reihe $\{\sigma\,(a)^2_k\}$ nimmt also von $k=2$ angefangen mit wachsendem k monoton ab, und zwar zumindest so stark, daß sie nach den ANDERSONschen Kriterien nicht als konstant betrachtet werden kann.

Anderseits zeigt die Ungleichung (II), daß, wenn hohe Oberwellen vorhanden sind, die Reihe $\{\sigma(a)_k^2\}$ von einem gewissen k angefangen steigen oder nur sehr schwach abnehmen wird, und zwar tritt dies schon für ein um so kleineres k ein, je stärker die hohen Oberwellen sind.

Man kann für $\dfrac{\sigma(a)_{k+1}^2}{\sigma(a)_k^2}$ auch feinere Abschätzungen als die Ungleichung (II) geben. Wir wollen eine solche unter der Voraussetzung herleiten, daß die Amplituden A_ν für $\nu \geqq$ einem gewissen ν_0 paarweise einander gleich sind. Wir zeigen zunächst: *Sind sämtliche Amplituden A_ν ($\nu = 1, \ldots, m$) paarweise einander gleich, so gilt*:

$$\frac{\sigma(a)_{k+1}^2}{\sigma(a)_k^2} \geq 1, \text{ für jedes } k < N-1. \tag{23}$$

Auf Grund der für eine beliebige Reihe $\{y_i\}$ gültigen Formel

$$\Delta^k y_i = C_k^0 \, y_{i+k} - C_k^1 \, y_{i+k-1} + \ldots (-1)^k C_k^k y_i$$

bestätigt man mühelos: Ist $\{a_i'\}$ ($i = 1, \ldots,$ ad inf.) eine periodische Reihe mit der Periode ($a_1' = 0$, $a_2' = 0$, $\ldots$, $a_{N-1}' = 0$, $a_N' = a \neq 0$, so gilt

$$\sigma(a')_1^2 = \sigma(a')_2^2 = \ldots = \sigma(a')_{N-1}^2.$$

Um die Behauptung $\dfrac{\sigma(a)_{k+1}^2}{\sigma(a)_k^2} \geqq 1$ für $k < N-1$ zu beweisen, betrachten wir zunächst den Fall, daß N eine ungerade Zahl ist.

Es sei $A_\nu = A \left(\nu = 1, \ldots, m = \dfrac{N-1}{2}\right)$. Die Amplitude A_ν' der ν-ten Oberwelle von $\{a_i'\}$ ist nach den Formeln (11) und (12) gleich $\dfrac{2a}{N}$ für $\nu = 1, \ldots, m$. Setzt man $a = \dfrac{NA}{2}$, so ist $\sigma(a')_k^2 = \sigma(a)_k^2$, also gilt $\sigma(a)_1^2 = \ldots = \sigma(a)_{N-1}^2$, womit unsere Behauptung bewiesen ist.

Ist N eine gerade Zahl, so folgt aus (11) und (13)

$$A'_\nu = \frac{2\,a}{N} = A \quad \text{für} \quad \nu = 1, \ldots, \frac{N}{2} - 1; \quad A'_{\frac{N}{2}} = \frac{a}{N} = \frac{A}{2}.$$

Da $A'_\nu = A_\nu$ für $\nu = 1, \ldots, m-1$ und $A'_m < A_m$ ist, so gilt offenbar für $k < N - 1$

$$\frac{\sigma(a)^2_{k+1}}{\sigma(a)^2_k} > \frac{\sigma(a')^2_{k+1}}{\sigma(a')^2_k} = 1,$$

womit unsere Behauptung auch für diesen Fall bewiesen ist.

Mit Rücksicht auf Satz **3** ergibt sich dann aus (23)

$$\frac{\sigma(a)^2_{k+1}}{\sigma(a)^2_k} = \frac{\dfrac{2}{l}\left(\sin\dfrac{m\,\pi}{N}\right)^{2k+2} + \sum_{\nu=1}^{m-1}\left(\sin\dfrac{\nu\,\pi}{N}\right)^{2k+2}}{\dfrac{2}{l}\left(\sin\dfrac{m\,\pi}{N}\right)^{2k} + \sum_{\nu=1}^{m-1}\left(\sin\dfrac{\nu\,\pi}{N}\right)^{2k}} \cdot \frac{k+1}{k+\dfrac{1}{2}} \geqq 1$$

$$\text{für } k < N - 1,$$

wobei $l = 1$ oder $l = 2$ ist, je nachdem, ob N eine gerade oder ungerade Zahl ist.

Ist ν_0 eine beliebige natürliche Zahl $< m$, so gilt wegen $\sin\dfrac{\pi}{N} < \sin\dfrac{2\,\pi}{N} < \ldots < \sin\dfrac{m\,\pi}{N}$ erst recht

$$\frac{\dfrac{2}{l}\left(\sin\dfrac{m\,\pi}{N}\right)^{2k+2} + \sum_{\nu=\nu_0}^{m-1}\left(\sin\dfrac{\nu\,\pi}{N}\right)^{2k+2}}{\dfrac{2}{l}\left(\sin\dfrac{m\,\pi}{N}\right)^{2k} + \sum_{\nu=\nu_0}^{m-1}\left(\sin\dfrac{\nu\,\pi}{N}\right)^{2k}} \cdot \frac{k+1}{k+\dfrac{1}{2}} \geqq 1 \quad (k=1,\ldots,N-2). \quad (24)$$

Ist nun $\{a_i\}$ eine periodische Reihe mit der Periode $a_1, \ldots, a_N$, so daß $A_\nu = A > 0$ für $m \geqq \nu > \nu_0$ ist, und bezeichnet man

$$\frac{\displaystyle\sum_{\nu=1}^{\nu_0} A^2_\nu}{\displaystyle\sum_{\nu=\nu_0+1}^{m} A^2_\nu}$$

mit μ, ist ferner ν_1 eine natürliche Zahl $> \nu_0$ und $< m$, so gilt offenbar:

$$\frac{\sum\limits_{\nu=1}^{\nu_0} A_\nu^2 \left(2\sin\frac{\nu\pi}{N}\right)^{2k}}{2\,C_{2k}^k} \leqq \sum\limits_{\nu=1}^{\nu_0} A_\nu^2 \frac{\left(2\sin\frac{\nu_0\pi}{N}\right)^{2k}}{2\,C_{2k}^k} =$$

$$= \mu\,(m-\nu_0)\,A^2 \frac{\left(2\sin\frac{\nu_0\pi}{N}\right)^{2k}}{2\,C_{2k}^k} =$$

$$= \mu\,\frac{m-\nu_0}{m-\nu_1}\cdot\frac{\left(2\sin\frac{\nu_0\pi}{N}\right)^{2k}}{\left(2\sin\frac{\nu_1\pi}{N}\right)^{2k}}\left[\sum\limits_{\nu=\nu_1+1}^{m} A_\nu^2 \frac{\left(2\sin\frac{\nu_1\pi}{N}\right)^{2k}}{2\,C_{2k}^k}\right] \leqq$$

$$\leqq \mu\,\frac{m-\nu_0}{m-\nu_1}\left(\frac{\sin\frac{\nu_0\pi}{N}}{\sin\frac{\nu_1\pi}{N}}\right)^{2k}\cdot(B_{\nu_1+1\,k}+\ldots+B_{m\,k}),$$

wobei $B_{\nu k} = \dfrac{A_\nu^2\left(2\sin\frac{\nu\pi}{N}\right)^{2k}}{2\,C_{2k}^k}$ für $\nu=1,\ldots,m-1$, und

$$B_{m\,k} = \frac{A_m^2\left(2\sin\frac{m\pi}{N}\right)^{2k}}{l\,C_{2k}^k} \quad\text{ist.}$$

Es gilt also

$$B_{1k}+\ldots+B_{\nu_0 k} \leqq \mu\,\frac{m-\nu_0}{m-\nu_1}\left(\frac{\sin\frac{\nu_0\pi}{N}}{\sin\frac{\nu_1\pi}{N}}\right)^{2k}(B_{\nu_1+1\,k}+\ldots+B_{m\,k})$$

und erst recht

$$B_{1k}+\ldots+B_{\nu_0 k} \leqq \mu\,\frac{m-\nu_0}{m-\nu_1}\left(\frac{\sin\frac{\nu_0\pi}{N}}{\sin\frac{\nu_1\pi}{N}}\right)^{2k}(B_{\nu_0+1\,k}+\ldots+B_{m\,k}).$$

Daraus folgt mühelos die Ungleichung:

$$\frac{\sigma(a)^2_{k+1}}{\sigma(a)^2_k} = \frac{\sum\limits_{v=1}^{m} B_{vk+1}}{\sum\limits_{v=1}^{m} B_{vk}} \geqq$$

$$\geqq \frac{1}{1 + \mu \dfrac{m-v_0}{m-v_1}\left(\dfrac{\sin\dfrac{v_0\pi}{N}}{\sin\dfrac{v_1\pi}{N}}\right)^{2k}} \cdot \frac{B_{v_0+1\,k+1} + \ldots + B_{mk+1}}{B_{v_0+1\,k} + \ldots + B_{mk}}.$$

Da $A_v = A$ für $m \geqq v > v_0$ ist, so folgt aus (24), daß für $k < N - 1$

$$\frac{B_{v_0+1\,k+1} + \ldots + B_{mk+1}}{B_{v_0+1\,k} + \ldots + B_{mk}} \geqq 1 \text{ ist.}$$

Aus der obigen Ungleichung folgt dann der Satz:

6. *Ist $\{a_i\}$ eine periodische Reihe mit der Periode $a_1, \ldots, a_N$, v_0 eine natürliche Zahl $< m$, so daß die Amplituden A_v der v-ten Oberwelle von $\{a_i\}$ für $v > v_0$ paarweise einander gleich und von 0 verschieden sind, bezeichnet man ferner*

$$\frac{\sum\limits_{v=1}^{v_0} A_v^2}{\sum\limits_{v=v_0+1}^{m} A_v^2}$$

mit μ, so gilt für jede natürliche Zahl v_1, die größer als v_0 und kleiner als m ist, die folgende Ungleichung:

$$\frac{(a)\,\sigma_{k+1}^2}{\sigma(a)_k^2} \geqq \frac{1}{1 + \mu \dfrac{m-v_0}{m-v_1}\cdot\left(\dfrac{\sin\dfrac{v_0\pi}{N}}{\sin\dfrac{v_1\pi}{N}}\right)^{2k}} \quad (k = 1, \ldots, N-2). \quad \text{(III)}$$

Wir wollen die Bedeutung der Ungleichung (III) an einem Beispiel klarmachen. Es bestehe die statistische Reihe aus

den Gliedern $a_1, \ldots, a_N$, wobei N durch 12 teilbar sei. Es gelte
$A_\nu = A \neq 0$ für $\dfrac{N}{2} \geqq \nu > \dfrac{N}{6} = \nu_0$, ferner sei

$$\frac{\displaystyle\sum_{\nu=1}^{\frac{N}{6}} A_\nu^2}{\displaystyle\sum_{\nu=\frac{N}{6}+1}^{\frac{N}{2}} A_\nu^2} = 1000 = \mu.$$

Die hohen Oberwellen sind also so klein, daß sie praktisch vernachlässigbar sind. Aus der Ungleichung (III) ergibt sich, wenn man $\nu_1 = \dfrac{5}{12} N$ setzt,

$$\frac{\sigma(a)_{k+1}^2}{\sigma(a)_k^2} \geqq \frac{1}{1 + 1000\,\dfrac{\dfrac{N}{2}-\dfrac{N}{6}}{\dfrac{N}{2}-\dfrac{5\,N}{12}}\cdot\left(\dfrac{\sin\dfrac{\pi}{6}}{\sin\dfrac{5\,\pi}{12}}\right)^{2k}} = \frac{1}{1 + \dfrac{4\,000}{2^{2k}\left(\sin\dfrac{5\,\pi}{12}\right)^{2k}}}.$$

Für $k \geqq 10$ gilt also

$$\frac{\sigma(a)_{k+1}^2}{\sigma(a)_k^2} \geqq 0{\cdot}992.$$

Man sieht daher, daß trotz der Kleinheit der hohen Oberwellen sich die Reihe $\{\sigma(a)_k^2\}$ schon von $k = 10$ angefangen als steigend oder stabil erweist.

Anderseits ergibt sich aus der Ungleichung (I), daß, wenn $A_\nu = 0$ für $m \geqq \nu > \dfrac{N}{6}$ ist,

$$\frac{\sigma(a)_{k+1}^2}{\sigma(a)_k^2} \leqq \left(\sin\frac{\pi}{6}\right)^2 \frac{k+1}{k+\dfrac{1}{2}} = \frac{k+1}{4k+2}$$

gilt.

Wie man sieht, nimmt die Reihe $\left\{\sigma\,(a)_k^2\right\}$ mit wachsendem k sehr stark ab.

Zusammenfassend können wir also sagen:

Die Reihe $\left\{\sigma\,(a)_k^2\right\}$ ($k = 1, 2, \ldots$), gebildet für eine statistische Reihe $a_1, \ldots, a_N$, wird schon von $k = 1$ angefangen mit wachsendem k stark abnehmen, falls die periodische Reihe $\{a_i\}$ ($i = 1, 2, \ldots, ad\ inf.$) mit der Periode $a_1, \ldots, a_N$ keine hohen $\left(\text{etwa keine höhere als } \dfrac{N}{6}\right)$ Oberwellen hat. Hingegen, wenn $\{a_i\}$ hohe Oberwellen besitzt, auch wenn sie klein sind (etwa $\displaystyle\sum_{v \geqq \frac{N}{6}} A_v^2$ nicht größer als $\dfrac{1}{1000} \displaystyle\sum_{v < \frac{N}{6}} A_v^2$ und die Amplituden A_v für $v \geqq \dfrac{N}{6}$ paarweise einander gleich sind), so wird sich die Reihe $\left\{\sigma\,(a)_k^2\right\}$ schon von niedrigem k (etwa von $k = 10$) angefangen als steigend oder stabil (im Sinne von ANDERSON*) erweisen. Es scheint daher die Ausschaltung der zufälligen Komponente nach der Differenzenmethode mit der Ausschaltung der hohen Oberwellen gleichbedeutend zu sein.*

Wie bereits gezeigt wurde, bewirkt die Saisonschwankung zufolge ihrer hohen Oberwellen in mehreren statistischen Reihen die Stabilität oder sogar das Steigen der Reihe $\left\{\sigma\,(a)_k^2\right\}$ schon für ein kleines k. *Für Trend und Kunjunkturbewegung scheint dagegen die* ANDERSON*sche Hypothese, daß $\left\{\sigma\,(a)_k^2\right\}$ mit wachsendem k abnimmt, gerechtfertigt, da nicht anzunehmen ist, daß der Trend oder die Konjunkturbewegung sehr hohe Oberwellen besitzt. Sind z. B. die statistischen Daten monatlich gegeben, so wird die Reihe $\left\{\sigma\,(a)_k^2\right\}$, gebildet für den Trend und die Konjunkturbewegung, schon genügend stark abnehmen, falls Trend und Konjunkturbewegung keine Oberwellen mit kürzerer Periodendauer als 3 Monate besitzen.*

In diesem Falle ist nämlich $A_\nu = 0$ für jedes $\nu \geqq \dfrac{N}{3}$ und nach Ungleichung (I) gilt dann:

$$\frac{\sigma(a)^2_{k+1}}{\sigma(a)^2_k} \leqq \left(\sin\frac{\pi}{3}\right)^2 \frac{k+1}{k+\dfrac{1}{2}} = \frac{3k+3}{4k+2}.$$

Damit schließen wir unsere Untersuchungen über die Differenzenmethode und gehen im nächsten Kapitel zu der Darstellung einer neuen Methode für die Berechnung von Saisonschwankungen über.

VIERTES KAPITEL

EINE NEUE METHODE ZUR BERECHNUNG UND AUSSCHALTUNG DER SAISONSCHWANKUNGEN

I. HERLEITUNG DER BERECHNUNGSFORMEL

Es sei $\varphi(t)$ eine wirtschaftsstatistische Zeitreihe. Der Einfachheit halber wollen wir annehmen, daß die statistischen Daten in einem Zeitintervall von n Jahren monatlich gegeben seien. Den Wert irgend einer Funktion $F(t)$ im k-ten Monat des i-ten Jahres werden wir durch Anhängung der Indizes i, k an das Funktionszeichen, also durch F_{ik} bezeichnen. Es bedeutet φ_{ik} z. B. den k-ten Monatswert des i-ten Jahres von $\varphi(t)$. Wir bezeichnen mit $f(t)$ die von sekulären und konjunkturellen Ursachen herrührende Komponente von $\varphi(t)$, mit anderen Worten, $f(t)$ sei jene Funktion, die statt $\varphi(t)$ entstehen würde, falls nur sekuläre und konjunkturelle Ursachen wirksam wären. Ferner bezeichne $s(t)$ die Saisonschwankungen von $\varphi(t)$, worunter folgendes gemeint wird: Würden außer den sekulären und konjunkturellen Ursachen auch die saisonmäßigen einwirken, und wäre nur die Wirkung der restlichen Ursachengruppen ausgeschaltet, so würde $f(t) + s(t)$ entstehen. Bezeichnet man schließlich $\varphi(t) - [f(t) + s(t)] = z(t)$ als irreguläre Schwankung von $\varphi(t)$, so gilt

$$\varphi(t) = f(t) + s(t) + z(t). \tag{1}$$

Die Annahme, daß die Funktion $\varphi(t)$ sich aus ihren Komponenten additiv zusammensetzt, bedeutet keine Einschränkung der Allgemeinheit, da die Komponenten so definiert wurden, daß die Gültigkeit der Gl. (1) gewährleistet wird.[1]

Man könnte die Komponenten, wie im Kapitel I (S. 3 ff.) näher erörtert wurde, auch anders definieren, z. B. könnte man sagen, daß die Saisonschwankung jene Bewegung sei, die zufolge Saisoneinflüssen entstehen würde, falls der Trend und Konjunkturzyklus ihre Werte nicht ändern würden. In diesem Falle wird die Funktion $\varphi(t)$ im allgemeinen nicht die Summe, sondern eine viel kompliziertere Funktion der Komponenten sein.

Wie im Kapitel I bereits ausgeführt wurde, ist die Bestimmung der Komponenten auf Grund äußerer Definitionen (d. h. wenn sie als Wirkung von gewissen Ursachengruppen definiert werden) wegen der Unvollständigkeit unserer Kenntnisse nicht möglich. Um diese Schwierigkeit zu überwinden, wird man die unvollständigen Kenntnisse mit hypothetischen Annahmen ergänzen, die dann bloß auf Grund der Daten der vorgelegten Reihe die eindeutige Bestimmung der Komponenten ermöglichen. An das System der Hypothesen werden gewisse Forderungen gestellt.[2] Insbesondere wird verlangt, daß es mit unseren Kenntnissen über das Wesen der Komponenten gut im Einklang stehe. Wir stellen uns die Aufgabe, die Komponente $s(t)$ aus der gegebenen Ursprungsreihe $\varphi(t)$ zu bestimmen. Zu diesem Zweck müssen wir gewisse Hypothesen über die Funktionen $f(t)$, $s(t)$ und $z(t)$ zugrunde legen.

Wir wollen zunächst eine Bemerkung vorausschicken: Die Bestimmung von $s(t)$ wird stets nur mit einem gewissen Grad von Genauigkeit gefordert, der im allgemeinen vom betrachteten Fall und dem Zweck der Analyse abhängen wird. Wenn wir im folgenden die Annahme machen, daß in dem Rechengang für die Bestimmung von $s(t)$ irgend ein Ausdruck A vernachlässigt werden kann, im Zeichen $A \sim 0$, oder durch

---

[1] Vgl. hiezu unsere Ausführungen in Kapitel I, S. 4.
[2] Vgl. hiezu Kapitel I, S. 6—7.

einen anderen Ausdruck B ersetzt werden kann, im Zeichen $A \sim B$, so soll dies bedeuten, daß der durch diese Ersetzungen entstehende Fehler in der Bestimmung von $s(t)$ innerhalb der zulässigen Grenzen bleibt.

Ist $F(t)$ irgend eine Funktion, so werden wir mit $F^*(t)$ den gleitenden 12-Monatsdurchschnitt von $F(t)$ bezeichnen, d. h.

$$F^*_{ik} = \frac{F_{ik-6} + 2(F_{ik-5} + \cdots + F_{ik} + \cdots + F_{ik+5}) + F_{ik+6}}{24}, \text{ wobei}$$

statt F_{ij} für $j \leq 0$ $F_{i-1\,j+12}$ und für $j > 12$ $F_{i+1\,j-12}$ zu schreiben ist. Der absolute Wert $|f(t) - f^*(t)|$ von $f(t) - f^*(t)$ ist um so kleiner, je kleiner die Abweichung der Funktion $f(t)$ in dem Zeitintervall $(t - \tau, t + \tau)$ von einer Geraden ist, wobei τ 6 Monate bedeutet. Stimmt $f(t)$ in dem Zeitintervall $(t - \tau,\ t + \tau)$ exakt mit einer Geraden überein, so ist $f(t) - f^*(t) = 0$. Nach Annahme ist $f(t)$ die Wirkung von sekulären und konjunkturellen Ursachen. Es ist daher anzunehmen, daß $f(t)$ in der überwiegenden Mehrheit der Fälle während des kurzen Zeitintervalls von 12 Monaten durch eine Gerade gut angenähert werden kann. Insbesondere gilt dies für den Trend, da der Trend oft sogar während 10 Jahren oder noch mehr durch eine Gerade dargestellt wird. Wir machen daher die Hypothese:

I. *Der Ausdruck $f(t)$ kann durch $f^*(t)$ ersetzt werden, also*
$f(t) \sim f^*(t)$.

Über die Natur der restlichen Schwankungen $z(t)$ kann man im allgemeinen nur behaupten, daß sie einen unregelmäßigen Charakter haben und daß die Werte von $z(t)$ während einer längeren Zeitdauer sich gegenseitig aufheben, d. h. daß das arithmetische Mittel einer längeren Gruppe von Werten von $z(t)$ angenähert 0 sein wird.

Wir postulieren bloß

$$\textbf{II.}\quad \frac{\sum_{i=1}^{n} \sum_{k=1}^{12} z_{ik}}{12\,n} \sim 0 \quad und \quad \sum_{i=1}^{n} \frac{z_{ik}}{n} \sim 0 \quad (k = 1, \ldots, 12).$$

Wie wir bereits im Kapitel II (S. 27 ff.) näher ausgeführt haben, kann man weder annehmen, daß die Saisonschwankung eine periodische Funktion mit der Periodenlänge von 12 Monaten ist, noch daß die Saisonschwankung eine periodische Funktion ist, die mit dem Trend oder mit dem Ursprungswert sich multiplikativ kombiniert, d. h. daß $s(t) = F(t)\,p(t)$ ist, wobei $F(t)$ den Trend, bzw. die Ursprungsreihe und $p(t)$ eine periodische Funktion mit der Periodendauer von 12 Monaten und dem Mittelwert $= 0$ bedeutet. Sogar die schwächere Hypothese, daß die Saisonschwankung $s(t)$ von der Form $F(t)\,p(t) + q(t)$ ist, wobei $F(t)$ den Trend oder die Ursprungswerte, $p(t)$ und $q(t)$ zwei periodische Funktionen mit der Periodenlänge von 12 Monaten und dem Mittelwert $= 0$ bedeuten, erweist sich als unzureichend, denn sie führt in vielen Fällen, wie bereits erwähnt wurde (S. 29), zu Resultaten, die unseren Vorstellungen über das Wesen der Reihenkomponente nicht entsprechen und daher zumindest sehr unwahrscheinlich erscheinen.

Wir werden hier die Annahme machen, daß $s(t)$ von der Form $\lambda(t)\,p(t)$ ist, wobei $\lambda(t)$ eine beliebige Funktion sein kann, die ihren Wert mit der Zeit in einem noch zu präzisierendem Sinne „langsam" ändert und $p(t)$ eine periodische Funktion mit der Periodendauer von 12 Monaten und dem Mittelwert $= 0$ bedeutet. Diese Annahme besagt also, daß die Intensität (Amplitude) der Saisonausschläge sich mit der Zeit „langsam", aber sonst beliebig ändern kann, dagegen die Form der Saisonausschläge, insbesondere die Verteilung der Tief- und Höhepunkte invariant bleiben. Wir haben also die Klasse der Funktionen für die Saisonschwankungen so abgegrenzt, daß sie nur Funktionen von der Form $\lambda(t)\,p(t)$ enthält, wobei die Bedeutung der „langsamen" Änderung von $\lambda(t)$ später noch präzisiert wird. Die Erweiterung der Funktionenklasse der Saisonschwankungen von der Klasse der rein periodischen Funktionen auf die Klasse der Funktionen von der Form $\lambda(t)\,p(t)$ ist durchaus natürlich,

denn im allgemeinen beeinflußt der Trend und die Konjunkturbewegung die Intensität der Saisonausschläge, und es liegt kein
Grund vor anzunehmen, daß diese Beeinflussung nach irgend
einem speziellen einfachen Gesetz geschieht, z. B. daß die
Intensität der Saisonausschläge proportional dem Trend oder
den Ursprungswerten wäre. Allgemein kann bloß behauptet
werden, daß die Änderung der Intensität der Saisonausschläge
„langsam" mit der Zeit, aber sonst beliebig vor sich gehen kann.
Die Einschränkung, daß die Funktion $\lambda(t)$ ihren Wert mit der
Zeit „langsam" ändert, ist wesentlich; denn würde man beliebig
starke Wertänderungen von $\lambda(t)$ in kurzen Zeitintervallen
zulassen, dann könnte $\lambda(t)$ und somit auch $\lambda(t)\,p(t) = s(t)$
eine beliebige Funktion sein.

Es fragt sich nur, ob die so bestimmte Funktionenklasse
der möglichen Saisonschwankungen nicht zu eng gewählt
wurde. Es sind zweifellos Fälle denkbar, wo die Saisonschwankungen nicht nur ihre Intensität, sondern auch ihre Form
infolge von Konjunktur- oder anderen Einflüssen gewisser-
maßen mit der Zeit ändern; jedoch kann man annehmen, daß
in den meisten konjunkturstatistischen Reihen während des
betrachteten Zeitraumes (in der Regel 10 bis 15 Jahre) die
Saisonschwankung ihre Form überhaupt nicht oder nur unwesentlich ändert. Daher scheint die Hypothese, zumindest für
die Mehrheit der Fälle, gerechtfertigt, daß die Saisonschwankung
die Form $\lambda(t)\,p(t)$ hat.

Wir haben nun die Bedeutung der „langsamen Änderung"
von $\lambda(t)$ zu präzisieren. Dies könnte beispielsweise folgendermaßen geschehen: Wir sagen, daß die Funktion $\lambda(t)$ langsam
ihren Wert ändert, wenn die Schwankung von $\lambda(t)$ in einem
Zeitintervall von der Länge τ (d. i. die Differenz des Maximal-
und Minimalwertes in dem betreffenden Intervall) nicht größer
ist als $k\%$ des Mittelwertes von $\lambda(t)$ in dem betreffenden
Intervall, wobei τ und k festgewählte Zahlen sind. Eine solche

Präzisierung der langsamen Änderung hat aber einige Nachteile. Erstens steckt ein gewisses Maß von Willkür in der Festlegung der zulässigen Grenzen für die Schwankung. Zweitens ist es nicht vorteilhaft, diese Grenzen starr, d. h. für alle statistischen Reihen gleich zu wählen. Es muß vielmehr eine gewisse Variabilität bestehen, und je nach der Art der vorliegenden statistischen Reihe wird man unter Umständen diese Grenzen etwas erweitern oder einengen. Drittens würde sich die Berechnung der Saisonschwankungen auf dieser Grundlage außerordentlich kompliziert gestalten. Wir werden daher einen anderen Weg einschlagen. Die Bedingung der „langsamen Änderung“ von $\lambda\,(t)$ wird durch die Annahme präzisiert, daß gewisse in dem Rechengang auftretende Ausdrücke — die ihrem absoluten Wert nach um so kleiner sind, je langsamer die Änderung von $\lambda\,(t)$ ist und exakt $= 0$ sind, falls $\lambda\,(t) = $ konstant ist — ~ 0 gesetzt werden können.

Um die „langsame Änderung“ von $\lambda\,(t)$ in der angedeuteten Art zu präzisieren, müssen wir einige Rechnungen vorausschicken. Wir formulieren zunächst bloß die Hypothese:

III. *Die Funktion $s\,(t)$ ist darstellbar als Produkt von zwei Faktoren $\lambda\,(t)$ und $p\,(t)$, also $s\,(t) = \lambda\,(t)\,p\,(t)$, wobei $p\,(t)$ eine periodische Funktion mit der Periodendauer von 12 Monaten und dem Mittelwert $= 0$ ist und die Funktion $\lambda\,(t)$ ihren Wert mit der Zeit nur „langsam“ (im Sinne der Hypothesen IV—VI) ändert.*

Aus Gl. (1) folgt:

$$\varphi^*\,(t) = f^*\,(t) + s^*\,(t) + z^*\,(t). \tag{2}$$

Subtrahiert man (2) von (1), so erhält man:

$$\varphi\,(t) - \varphi^*\,(t) = f\,(t) - f^*\,(t) + s\,(t) - s^*\,(t) + z\,(t) - z^*\,(t).$$

Wir bezeichnen $\varphi\,(t) - \varphi^*\,(t)$ mit $\psi\,(t)$ und $z\,(t) - z^*\,(t)$ mit $y\,(t)$. Wir können dann schreiben:

$$\psi\,(t) = f\,(t) - f^*\,(t) + s\,(t) - s^*\,(t) + y\,(t). \tag{3}$$

Nach Hypothese **III** ist $s(t) = \lambda(t)\,p(t)$, wobei $p(t)$ eine periodische Funktion mit der Periodendauer von 12 Monaten und dem Mittelwert $= 0$ ist. Daraus folgt, daß der absolute Wert $|s^*(t)|$ von $s^*(t)$ um so kleiner ist, je kleiner die Schwankung der Funktion $\lambda(t)$ innerhalb eines Jahres ist, und $s^*(t) = 0$ ist, falls $\lambda(t)$ konstant ist. Wir machen daher die Annahme:

IV. *Es gilt* $s^*(t) \sim 0$.

Aus (3) folgt dann wegen der Hypothesen **I** und **IV**:

$$\psi(t) \sim s(t) + y(t). \tag{4}$$

Bildet man das arithmetische Mittel der k-ten Monatswerte auf beiden Seiten der Gl. (4), so erhalten wir:

$$\frac{\sum\limits_{i=1}^{n}\psi_{ik}}{n} \sim \frac{\sum\limits_{i=1}^{n}\lambda_{ik}p_{ik}}{n} + \frac{\sum\limits_{i=1}^{n}y_{ik}}{n} \quad (k=1,\,2,\,\ldots,\,12). \tag{5}$$

Da nach Hypothese **III** $p(t)$ eine periodische Funktion ist, so sind sämtliche k-ten Monatswerte von $p(t)$ untereinander gleich. Wir wollen diesen gemeinsamen Wert mit p_k bezeichnen. Wir erhalten dann aus (5)

$$\frac{\sum\limits_{i=1}^{n}\psi_{ik}}{n} \sim p_k\,\frac{\sum\limits_{i=1}^{n}\lambda_{ik}}{n} + \frac{\sum\limits_{i=1}^{n}y_{ik}}{n} \quad (k = 1,\,\ldots,\,12). \tag{6}$$

Wir bezeichnen $\dfrac{\sum\limits_{i=1}^{n}\lambda_{ik}}{n}$ mit λ_k. Es ist klar, daß der absolute Wert von $(\lambda_k - \lambda_j)$ für beliebige Indexpaare k, j um so kleiner ist, je kleiner die Schwankung von $\lambda(t)$ während eines Jahres ist. Wir geben eine Abschätzung dieser Größen nach oben an, unter der Voraussetzung, daß $\lambda(t) \geq 0$ ist. Nehmen wir etwa an, daß die Schwankung von $\lambda(t)$ in einem Jahre höchstens $\nu\,\%$ ihres Jahresmittelwertes ausmacht, so ergibt sich:

$$\left|\lambda_{ik} - \frac{\sum\limits_{k=1}^{12}\lambda_{ik}}{12}\right| \leqq \frac{\nu}{100}\,\frac{\sum\limits_{k=1}^{12}\lambda_{ik}}{12} \quad (i = 1, \ldots, n).$$

Wir bezeichnen $\dfrac{\sum\limits_{k=1}^{12}\lambda_k}{12}$ mit λ_0, welches λ_0 also das arithmetische Mittel sämtlicher Werte λ_{ik} ist.

Ersetzt man in den Gleichungen $\dfrac{\sum\limits_{i=1}^{n}\lambda_{ik}}{n} = \lambda_k$, λ_{ik} durch $\dfrac{\sum\limits_{k=1}^{12}\lambda_{ik}}{12} + \delta_{ik}$, so erhält man:

$$\lambda_0 + \frac{\sum\limits_{i=1}^{n}\delta_{ik}}{n} = \lambda_k, \quad \text{also} \quad \lambda_0 - \lambda_k = -\frac{\sum\limits_{i=1}^{n}\delta_{ik}}{n}.$$

Da $\left|\delta_{ik}\right| \leqq \dfrac{\nu}{100}\,\dfrac{\sum\limits_{k=1}^{12}\lambda_{ik}}{12}$, so gilt $\left|\lambda_0 - \lambda_k\right| = \left|\dfrac{\sum\limits_{i=1}^{n}\delta_{ik}}{n}\right| \leqq \dfrac{\nu}{100}\,\lambda_0.$

Die Gleichheit $\left|\dfrac{\sum\limits_{i=1}^{n}\delta_{ik}}{n}\right| = \dfrac{\nu}{100}\,\lambda_0$ könnte nur in dem seltenen Fall bestehen, daß entweder sämtliche $\delta_{ik} = +\dfrac{\nu}{100}\,\dfrac{\sum\limits_{k=1}^{12}\lambda_{ik}}{12}$ oder sämtliche $\delta_{ik} = -\dfrac{\nu}{100}\,\dfrac{\sum\limits_{k=1}^{12}\lambda_{ik}}{12}$ sind. Im allgemeinen werden die δ_{ik} abwechselnd verschiedene Vorzeichen haben und $\left|\dfrac{\sum\limits_{i=1}^{n}\delta_{ik}}{n}\right|$ wird daher erheblich kleiner sein als $\dfrac{\nu}{100}\,\lambda_0.$

Wir machen daher die Annahme:

V. $\qquad\qquad \lambda_k \sim \lambda_0 \ (k = 1, 2, \ldots, 12)$.

Wir erhalten also aus (6)

$$\frac{\sum\limits_{i=1}^{n} \psi_{ik}}{n} \sim \lambda_0 \, p_k + \frac{\sum\limits_{i=1}^{n} y_{ik}}{n} \quad (k = 1, \ldots, 12). \qquad (7)$$

Nach Hypothese **II** gilt:

$$\frac{\sum\limits_{i=1}^{n} z_{ik}}{n} \sim 0 \quad \text{und} \quad \frac{\sum\limits_{k=1}^{12} \sum\limits_{i=1}^{n} z_{ik}}{12\,n} \sim 0$$

Aus $y_{ik} = z_{ik} - z_{ik}^{*}$ folgt:

$$\sum_{i=1}^{n} y_{ik} = \sum_{i=1}^{n} z_{ik} - \sum_{i=1}^{n} z_{ik}^{*}.$$

Da $\sum\limits_{i=1}^{n} z_{ik}^{*} = \dfrac{\sum\limits_{k=1}^{12} \sum\limits_{i=1}^{n} z_{ik}}{12}$ ist, so gilt $\sum\limits_{i=1}^{n} y_{ik} = \sum\limits_{i=1}^{n} z_{ik} - \dfrac{\sum\limits_{k=1}^{12} \sum\limits_{i=1}^{n} z_{ik}}{12}$,

also

$$\frac{\sum\limits_{i=1}^{n} y_{ik}}{n} = \frac{\sum\limits_{i=1}^{n} z_{ik}}{n} - \frac{\sum\limits_{k=1}^{12} \sum\limits_{i=1}^{n} z_{ik}}{12\,n} \sim 0.$$

Aus (7) folgt dann

$$\frac{\sum\limits_{i=1}^{n} \psi_{ik}}{n} \sim \lambda_0 \, p_k \quad (k = 1, 2, \ldots, 12). \qquad (8)$$

Da ψ_{ik} aus der gegebenen Ursprungsreihe $\varphi(t)$ berechnet werden kann, so können wir nach (8) die Werte $\lambda_0 \, p_k \, (k = 1, \ldots, 12)$ bestimmen. Um die Saisonschwankungen berechnen zu können, haben wir nur noch die Werte $\dfrac{\lambda_{ik}}{\lambda_0} = \mu_{ik}$ zu bestimmen. Wir bezeichnen $\dfrac{\sum\limits_{i=1}^{n}\psi_{ik}}{n}$ mit a_k $(k = 1, \ldots, 12)$. Aus (4) folgt dann wegen (8)

$$\psi_{ik} \sim \mu_{ik}\, a_k + y_{ik},$$

also

$$y_{ik} \sim \psi_{ik} - \mu_{ik}\, a_k. \tag{9}$$

Wäre y eine zufällige Variable mit GAUSSscher Verteilung, so würde sich aus (9) ergeben, daß die wahrscheinlichsten Werte von μ_{ik} diejenigen sind, welche den Ausdruck

$$\sum_{k=1}^{12}\sum_{i=1}^{n}(y_{ik})^2 = \sum_{k=1}^{12}\sum_{i=1}^{n}(\psi_{ik} - \mu_{ik}\, a_k)^2$$ zu einem Minimum ma-

chen, wobei die Funktion $\mu\,(t) = \dfrac{\lambda\,(t)}{\lambda_0}$ einer noch zu formulie-

renden Bedingung der „langsamen Änderung" genügen muß.

Wir können zwar nicht voraussetzen, daß y eine zufällige Variable mit GAUSSscher Verteilung ist; jedenfalls müssen aber die Werte μ_{ik} so bestimmt werden, daß die Abweichung der Funktion $y\,(t)$ von 0 in irgend einem Sinne möglichst klein wird. Als Maß für die Abweichung der Funktion $y\,(t)$ von 0 könnte

man z. B. den Ausdruck $\displaystyle\sum_{i=1}^{n}\sum_{k=1}^{12}|y_{ik}|$ betrachten und die μ_{ik}

wären dann so zu bestimmen, daß statt $\displaystyle\sum_{i=1}^{n}\sum_{k=1}^{12}(y_{ik})^2$, $\displaystyle\sum_{i=1}^{n}\sum_{k=1}^{12}|y_{ik}|$

ein Minimum wird. In den meisten Fällen wird man jedoch dadurch nicht wesentlich verschiedene Resultate erhalten, und da anzunehmen ist, daß y sich nicht selten wie eine zufällige Variable mit GAUSSscher Verteilung verhält, so werden wir die Methode der kleinsten Quadrate vorziehen, also μ_{ik} so

bestimmen, daß $\displaystyle\sum_{i=1}^{n}\sum_{k=1}^{12}(\psi_{ik} - \mu_{ik}a_k)^2$ ein Minimum wird. Um dies

durchzuführen, müßten wir die Nebenbedingung an die Funktion

$\mu(t) = \dfrac{\lambda(t)}{\lambda_0}$, nämlich, daß sie ihren Wert mit der Zeit nur „langsam" ändert, explizit formulieren. Um dies aus bereits erwähnten Gründen zu vermeiden und um nicht allzu komplizierte Rechnungen machen zu müssen, werden wir für die Berechnung von $\mu(t)$ folgende Annahme zugrunde legen:

VI. *Man erhält genügend angenäherte Werte für μ_{ik}, wenn man sie so bestimmt, daß $\sum\limits_{j=k-6}^{k+5}(\psi_{ij} - \mu_{ik}a_j)^2$ ein Minimum wird, wobei die an $\mu(t)$ zu stellende Nebenbedingung bezüglich ihrer „langsamen Änderung" in jedem Zeitpunkte $t = t_0$ durch die Bedingung ersetzt wird, daß $\mu(t)$ in dem Zeitintervall $[t_0 - \tau_1, \ t_0 + \tau_2]$ konstant ist; dabei bedeuten τ_1 6 und τ_2 5 Monate.*

In dem Ausdruck $\sum\limits_{j=k-6}^{k+5}(\psi_{ij} - \mu_{ik}a_j)^2$ ist statt ψ_{ij}, bzw. a_j für $j > 12$ $\psi_{i+1\,j-12}$, bzw. a_{j-12} und für $j \leqq 0$ $\psi_{i-1\,j+12}$, bzw. a_{j+12} zu schreiben.

Nach bekannten Regeln der Maximum-Minimum-Rechnung ergibt sich für μ_{ik} die eindeutige Lösung:

$$\mu_{ik} = \frac{\sum\limits_{j=k-6}^{k+5} a_j \psi_{ij}}{\sum\limits_{j=k-6}^{k+5} a_j^2} = \frac{\sum\limits_{j=k-6}^{k+5} a_j \psi_{ij}}{\sum\limits_{\nu=1}^{12} a_\nu^2}. \tag{10}$$

Aus (10) und (8) ergibt sich

$$s_{ik} = \mu_{ik} \lambda_0 p_k \sim a_k \frac{\sum\limits_{j=k-6}^{k+5} a_j \psi_{ij}}{\sum\limits_{\nu=1}^{12} a_\nu^2}. \tag{11}$$

Auf Grund der Formel (11) kann man die Saisonschwankungen berechnen. Der Vorgang ist der folgende: Aus der Ursprungsreihe $\varphi(t)$ wird zunächst ihr gleitender 12-Monatsdurchschnitt $\varphi^*(t)$ berechnet. Man bildet dann

$$\psi_{ik} = \varphi_{ik} - \varphi_{ik}^* \quad \text{und} \quad a_k = \frac{\sum\limits_{i=1}^{n} \psi_{ik}}{n} \quad (k=1, \ldots, 12).$$

Setzt man die so berechneten Werte ψ_{ik} und a_k in Formel (11) ein, so erhält man den gesuchten Wert von s_{ik}. Wir möchten noch folgendes bemerken: Die Werte von $\varphi^*(t)$ können für die ersten und letzten 6 Monate nicht berechnet werden, also auch nicht die Werte von $\psi(t) = \varphi(t) - \varphi^*(t)$. Für die Berechnung von s_{ik} nach Formel (11) muß man die Werte von ψ_{ik+5} und ψ_{ik-6} kennen. Es kann daher $s(t)$ für die ersten 12 und letzten 11 Monate nicht berechnet werden. Um diesen Übelstand zu beheben, wird μ_{ik} in den ersten 12 Monaten konstant gleich dem ersten und in den letzten 11 Monaten konstant gleich dem letzten nach Formel (10) noch berechneten Wert gesetzt. Man begeht dadurch keinen großen Fehler, da laut Voraussetzung die Funktion $\mu(t)$ nur „langsam" ihren Wert ändert.

Wir wollen noch auf folgendes hinweisen: Aus den Hypothesen **I—VI** kann man viel mehr herleiten, als die gestellte Aufgabe war; sie gestatten nämlich nicht nur die Bestimmung von $s(t)$, sondern auch von $f(t)$ und $z(t)$, falls man $z^*(t)$ als vernachlässigbar klein voraussetzt, was offenbar angenommen werden kann. Ersetzt man nämlich in (4) $s(t)$ durch seinen Wert aus (11), so erhält man:

$$y_{ik} \sim \psi_{ik} - a_k \frac{\sum\limits_{j=k-6}^{k+5} a_j \psi_{ij}}{\sum\limits_{v=1}^{12} a_v^2}, \tag{12}$$

wobei $y(t) = z(t) - z^*(t)$ ist. Da $z^*(t)$ als vernachlässigbar klein vorausgesetzt ist, so gilt:

$$z_{ik} \sim \psi_{ik} - a_k \frac{\displaystyle\sum_{j=k-6}^{k+5} a_j \psi_{ij}}{12 \displaystyle\sum_{\nu=1} a_\nu^2}. \tag{13}$$

Aus (1) ergibt sich dann wegen (11) und (13)

$$f(t) \sim \varphi(t) - \psi(t) = \varphi^*(t). \tag{14}$$

Die Formeln (11), (13) und (14) ergeben die angenäherten Werte für die drei Komponenten $f(t)$, $s(t)$ und $z(t)$.

Für die Berechnung von $s(t)$ genügen wesentlich schwächere Annahmen. Statt der Hypothesen **I**, **II** und **IV** genügt, wie man mühelos zeigen kann, bloß die Voraussetzung:

$$\mathbf{I'} \qquad \frac{\displaystyle\sum_{i=1}^{n} (f_{ik} - f_{ik}^* - s_{ik}^* + z_{ik} - z_{ik}^*)}{n} \sim 0.$$

Wir wollen die Funktion $f(t) - f^*(t) - s^*(t) + z(t) - z^*(t)$ kurz mit $\varrho(t)$ bezeichnen und werden sie *restliche Schwankung* nennen.

Die restliche Schwankung $\varrho(t)$ stimmt mit der irregulären Komponente $z(t)$ überein, falls die Hypothesen **I** und **IV** erfüllt sind und $z^*(t)$ vernachlässigt werden kann, was in den meisten statistischen Reihen der Fall sein dürfte. Es gilt offenbar

$$\varrho(t) = \psi(t) - s(t).$$

Man kann also schon auf Grund der Hypothesen **I'**, **III**, **V** und **VI** die Saison- und restliche Schwankung bestimmen; dagegen ist es nicht möglich, bloß auf Grund dieser Hypothesen auch $f(t)$ und $z(t)$ zu bestimmen.

Ist nur die Aufgabe gestellt, die Saisonschwankung $s(t)$ zu bestimmen, so müssen nicht die Hypothesen **I**, **II** und **IV** erfüllt sein, um unsere Methode anwenden zu können; es genügt, daß nur **I′** erfüllt ist.

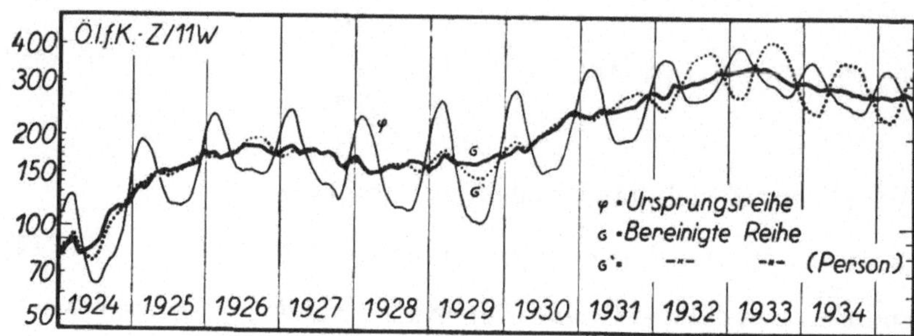

Fig. 11. Anzahl der unterstützten Arbeitslosen in Österreich insgesamt
Ursprungsreihe, bereinigte Reihen (PERSONS und neue Methode) (logarithmischer Maßstab, in 1000 Personen)

Wir wollen noch die Ergebnisse der Saisonausschaltung nach der obigen Methode an einigen statistischen Reihen illustrieren.

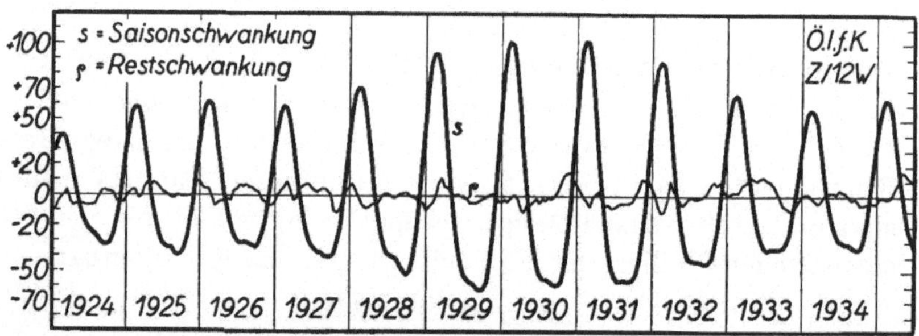

Fig. 12. Anzahl der unterstützten Arbeitslosen in Österreich insgesamt
Saisonschwankung und restliche Schwankung (arithmetischer Maßstab, in 1000 Personen)

In Fig. 11 ist die Ursprungsreihe der unterstützten Arbeitslosen in Österreich und ihre nach der neuen Methode und nach PERSONS saisonbereinigte Reihe dargestellt. Fig. 12 zeigt die

Saisonbewegung[1]) und die restliche Schwankung. Die Ergebnisse
sind, wie man sieht, recht zufriedenstellend.

Aus Fig. 12 ist ersichtlich, daß die Saisonbewegung ihre
Intensität mit der Zeit langsam ändert. Diese Intensitätsänderung ist aber keinesfalls proportional mit den Ursprungswerten oder deren gleitenden 12-Monatsdurchschnitten. Man
sieht dies klar in Fig. 13, wo die Saisonschwankung in Prozenten
des gleitenden 12-Monatsdurchschnittes der Ursprungsreihe dar-

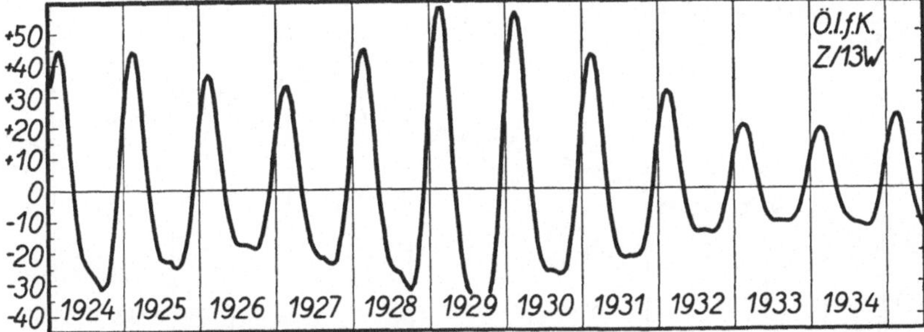

Fig. 13. Anzahl der unterstützten Arbeitslosen in Österreich insgesamt
Saisonschwankung in Perzenten des gleitenden 12-Monatsdurchschnittes (arithmetischer
Maßstab, gleitender 12-Monatsdurchschnitt = 100)

gestellt ist. Besonders stark nimmt das Verhältnis der Saisonschwankung zum gleitenden 12-Monatsdurchschnitt in den
Jahren 1930 bis 1932 ab; in den Jahren 1933 und 1934 dagegen
bleibt es annähernd konstant. Wie im Kapitel II (S. 26, 29) bereits
ausgeführt wurde, wird die nach PERSONS saisonbereinigte
Reihe in jenen Zeitintervallen, wo die Saisonbewegung im Verhältnis zu den Ursprungswerten unterdurchschnittlich klein ist,
eine starke, der Saisonschwankung gegenläufige Bewegung
aufweisen. Wie man aus Fig. 13 sieht, ist das Verhältnis der

---

[1]) Hier und im folgenden, wo über Saisonschwankung oder saisonbereinigte Reihe ohne jeden Zusatz gesprochen wird, meinen wir stets
die nach der neuen Methode berechnete Saisonschwankung, bzw. saisonbereinigte Reihe.

Saisonschwankung zum gleitenden 12-Monatsdurchschnitt in den Jahren 1932 bis 1934 besonders klein. Dies erklärt also die Tatsache, warum die nach PERSONS bereinigte Reihe in den genannten Jahren eine starke, der Saisonschwankung gegenläufige Bewegung aufweist.

In diesem Falle zeigt sich also, daß die Saisonschwankung von der Form $\lambda(t)\,p(t)$ ist, wobei $p(t)$ eine periodische Funk-

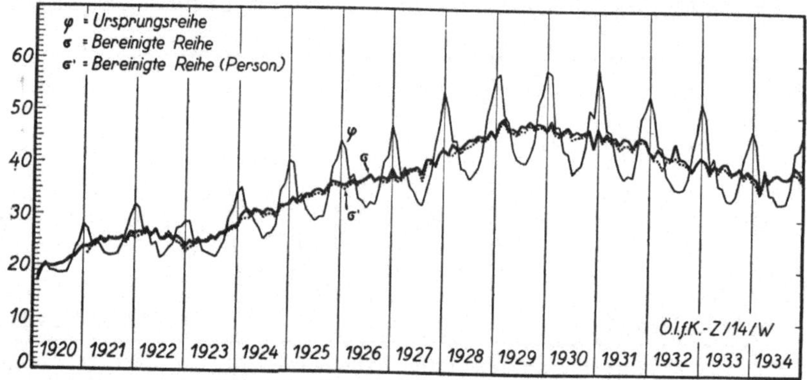

Fig. 14. Stromverbrauch in Wien
Ursprungsreihe, bereinigte Reihen (PERSONS und neue Methode) (arithmetischer Maßstab, in Mill. kwh)

tion und $\lambda(t)$ eine Funktion ist, die mit der Zeit „langsam" ihren Wert ändert, jedoch weder konstant noch proportional dem Trend oder den Ursprungswerten ist, sondern einen viel komplizierteren Verlauf zeigt.

Berechnet man die Saisonbewegung für den Stromverbrauch der Stadt Wien nach unserer Methode und nach PERSONS, so ergeben sich praktisch dieselben Resultate. Fig. 14 zeigt die Ursprungsreihe, unsere saisonbereinigte und die nach PERSONS saisonbereinigte Reihe. Man sieht, daß die beiden saison-bereinigten Reihen praktisch zusammenfallen. Der Grund hiefür liegt darin, daß die Saisonschwankung in diesem Falle ihre Intensität tatsächlich proportional mit den Ursprungswerten

ändert. In Fig. 15 ist die Saisonbewegung und die restliche
Schwankung dargestellt. Die restliche Schwankung ist sehr

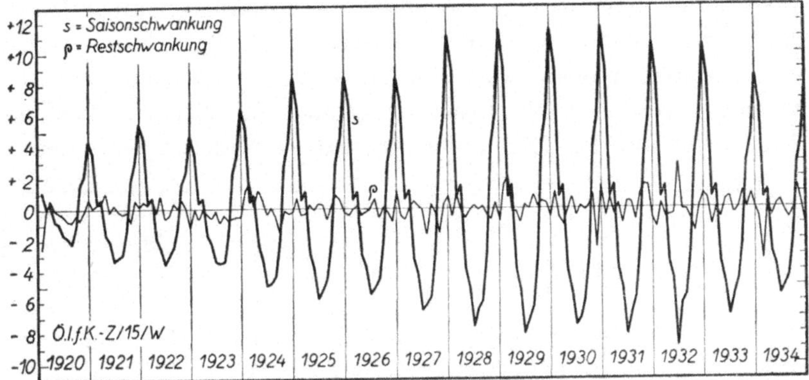

Fig. 15. Stromverbrauch in Wien
Saisonschwankung und Restschwankung (arithmetischer Maßstab, in Mill. kwh)

klein gegenüber der Saisonschwankung und weist keine Regelmäßigkeiten auf.

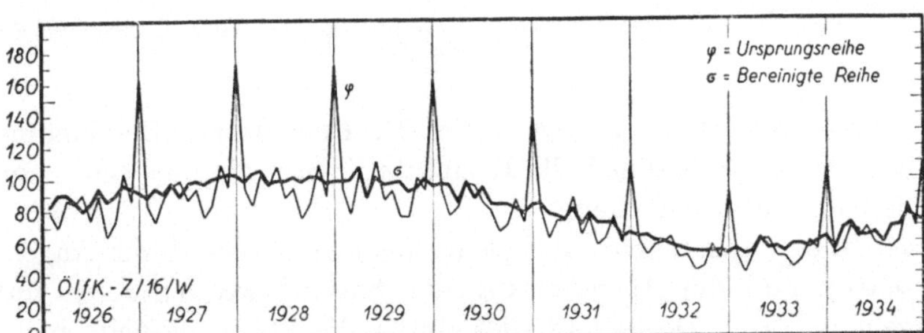

Fig. 16. Index der Textil- und Manufakturwarenumsätze in Fachgeschäften (Deutsches Reich)
Ursprungsreihe, bereinigte Reihe (arithmetischer Maßstab, 1928 = 100)

Fig. 16 zeigt die Reihe der Textil- und Manufakturumsätze
im Deutschen Reich und ihre saisonbereinigte Reihe. In Fig. 17
ist die Saison- und die restliche Schwankung dargestellt.

Die Saisonausschläge im Dezember sind außerordentlich stark gegenüber den übrigen Monaten. Die restliche Schwankung weist keine Regelmäßigkeiten auf und enthält scheinbar keine Reste der Saisonbewegung. Die Ergebnisse der Ausschaltung der Saisonkomponente können hier wohl als befriedigend betrachtet werden. Die absolute Größe der Saisonausschläge ändert sich mit der Zeit, und zwar ist diese Änderung annähernd

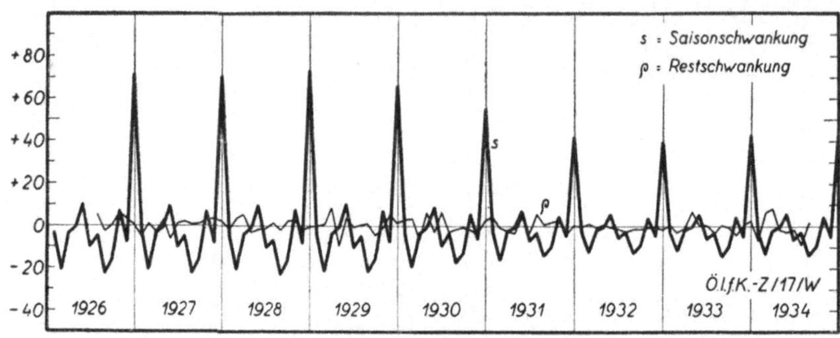

Fig. 17. Index der Textil- und Manufakturwarenumsätze in Fachgeschäften (Deutsches Reich)

Saisonschwankung und Restschwankung (arithmetischer Maßstab, Ursprungsreihe 1928 = 100)

proportional den Ursprungswerten. Die PERSONSsche Bereinigung dürfte also in diesem Falle Resultate liefern, die nur wenig von den unseren abweichen.

In den angeführten Beispielen sieht man auch durch Augenschein, daß die Ausschaltung der Saisonbewegung recht gut gelungen ist. Doch wird dies durch die obige Methode nicht immer erreicht. *Erstens* kann es sich ereignen, wie in dem Abschnitt **II** noch ausführlich gezeigt wird, daß für eine vorgelegte Reihe die zugrunde gelegten Hypothesen überhaupt unerfüllbar sind, d. h. daß es unmöglich ist, die Reihe so zu zerlegen, daß die Komponenten den gemachten Hypothesen genügen. Wendet man trotzdem die Berechnungsformel (11) an, so erhält man

Ergebnisse, für welche die zugrunde gelegten Hypothesen nicht erfüllt sind. *Zweitens* ist aber auch dann, wenn die auf Grund der Formel (11) erhaltenen Ergebnisse den gemachten Hypothesen genügen, fraglich, ob diese als zufriedenstellend betrachtet werden können. Man würde zunächst glauben, daß, falls die erhaltenen Ergebnisse den zugrunde gelegten Hypothesen genügen, man dies als Bestätigung derselben ansehen könne und kein Grund vorhanden sei, die Güte der Resultate zu bezweifeln. Bei genauerer Betrachtung sieht man jedoch, daß dies nicht so sein muß. Der Grund hiefür liegt im folgenden: Wir haben von $z(t)$ bzw. $\varrho(t)$ bloß vorausgesetzt, daß $\dfrac{\sum\limits_{i=1}^{n} z_{ik}}{n} \sim 0$ und

$$\frac{\sum\limits_{i=1}^{n}\sum\limits_{k=1}^{12} z_{ik}}{12\,n} \sim 0, \text{ bzw. } \frac{\sum\limits_{i=1}^{n} \varrho_{ik}}{n} \sim 0 \text{ gilt.}$$

Es ist daher denkbar, daß zwar die erhaltenen Resultate den gemachten Hypothesen genügen, jedoch $z(t)$, bzw. $\varrho(t)$ gewisse Regelmäßigkeiten zeigen, z. B. daß $\varrho(t)$ in einem bestimmten Monat k für alle Jahre $i < \dfrac{n}{2}$ regelmäßig negative Werte und für alle Jahre $i > \dfrac{n}{2}$ nur positive Werte aufweist. Im nächsten Abschnitt (S. 105) wird an einem Beispiel gezeigt, daß solche Fälle tatsächlich auftreten können. In diesem Falle wird man die Ergebnisse kaum als zufriedenstellend betrachten, da diese unseren Vorstellungen über das Wesen der Reihenkomponenten nicht entsprechen. Man wird vielmehr die zugrunde gelegten Hypothesen durch andere zu ersetzen versuchen, die eine viel plausiblere Lösung liefern. Es besteht daher die Aufgabe, *erstens* zu prüfen, ob die erhaltenen Ergebnisse den gemachten Hypothesen genügen, *zweitens*, falls die Prüfung positiv ausfällt, die weiteren Bedingungen anzugeben, denen $z(t)$, bzw. $\varrho(t)$ genügen müssen, um die erhaltenen Resultate als zufriedenstellend betrachten zu können, und *drittens*, falls die Prüfung negativ ausfällt oder $z(t)$, bzw. $\varrho(t)$ den noch zu formulierenden weiteren Bedingungen nicht genügt, zu untersuchen, ob die Formel (11) vielleicht auch dann für die Berechnung der Saisonschwankung mit gewissen Korrekturen verwendet werden könnte.

Diese Probleme behandeln wir im nächsten Abschnitt.

II. PRÜFUNG UND KORREKTUR DER ERGEBNISSE DER AUSSCHALTUNG

Wir beschäftigen uns zunächst mit der Frage, ob die Ergebnisse der Ausschaltung den zugrunde gelegten Hypothesen wirklich genügen. Dies ist, wie später noch gezeigt wird, keineswegs so selbstverständlich. Da unsere Aufgabe bloß in der Bestimmung von $s(t)$ besteht, so werden wir uns auf die Untersuchung beschränken, unter welchen Bedingungen die gewonnenen Ergebnisse den Hypothsen **I′**, **III**, **V** und **VI** genügen. Darunter wird folgendes gemeint: Die Änderung von $\mu(t) = \dfrac{\lambda(t)}{\lambda_0}$ ist wirklich so langsam, daß die Hypothesen **V** und **VI** als erfüllt betrachtet werden können, ferner sind die Größen $\dfrac{\sum\limits_{i=1}^{n} \varrho_{i\,k}}{n}$ $(k = 1, \ldots, 12)$ so klein, daß die Vernachlässigung derselben nur Fehler bewirkt, die innerhalb der zulässigen Grenzen liegen, usw. Dies muß nicht immer der Fall sein. Genügen die Funktionen $s(t)$ und $\varrho(t)$ nicht den Hypothesen **I′ III**, **V** und **VI**, so bedeutet dies, daß es unmöglich ist, die gegebene Reihe $\varphi(t)$ so zu zerlegen, daß die erwähnten Hypothesen erfüllt seien. In einem solchen Fall kann man unsere Methode zur Berechnung der Saisonschwankungen nicht — zumindest nicht ohne gewisse Korrekturen, worüber wir im folgenden noch sprechen werden — anwenden.

Ein Beispiel möge dies erläutern: Es sei die Ursprungsreihe $\varphi(t)$ folgendermaßen gegeben: In dem ersten, dritten, fünften, usw., also in jedem ungeradzahligen Jahr soll $\varphi(t)$ im Januar den Wert 110, im August den Wert 90 und in den übrigen Monaten den Wert 100 haben. Dagegen im zweiten, vierten, usw., also in jedem geradzahligen Jahr soll $\varphi(t)$ stets den Wert 100 haben. Wendet man unsere Methode auf diese Reihe an, so erhält man annähernd $a_1 = 5$, $a_8 = -5$ und $a_k = 0$ für die übrigen Monate. Berechnet man den Wert $\mu(t) = \dfrac{\lambda(t)}{\lambda_0}$ im Juli eines ungeraden Jahres, so ergibt sich für $\mu(t)$ ungefähr der Wert 2. Dagegen sinkt der Wert von $\mu(t)$ schon im nächsten Monat August annähernd auf 1, also auf die Hälfte des Juli-Wertes. Dies ist sicherlich eine so starke Änderung von $\mu(t)$, daß die Hypothese **VI** als nicht erfüllt betrachtet werden kann.

Solche Fälle kommen in der Wirklichkeit kaum vor, und im allgemeinen — wie später noch gezeigt wird — werden die erhaltenen Ergebnisse den Hypothesen **I′**, **III**, **V** und **VI** mit guter Annäherung genügen.

Diese Hypothesen haben erst dann eine bestimmte Bedeutung, wenn man den gewünschten Genauigkeitsgrad für die Berechnung von $s(t)$ festlegt.

In den meisten praktischen Fällen wird man dies so formulieren, daß in der Berechnung von $s(t)$ für jeden Wert t ein Fehler erlaubt ist, dessen absoluter Betrag kleiner als ein gewisser Prozentsatz des Ursprungswertes $\varphi(t)$ ist.

Wir beginnen mit der Untersuchung des Ausdruckes $\dfrac{\sum\limits_{k=1}^{12} a_k}{12}$. Dieser Ausdruck soll nach Hypothese **III** gleich 0 sein. Wir werden zeigen, daß dies zwar nicht immer exakt, jedoch in den praktischen Fällen stets mit hinreichender Genauigkeit gilt.

Es ist

$$a_k = \frac{\sum\limits_{i=1}^{n} \psi_{ik}}{n} = \frac{\sum\limits_{i=1}^{n} (\varphi_{ik} - \varphi_{ik}^*)}{n}.$$

Im ersten Jahre kennt man die Werte von $\varphi^*(t)$ in den ersten 6 Monaten, im letzten Jahre in den letzten 6 Monaten nicht. Man wird daher

$$a_k = \frac{\sum\limits_{i=2}^{n} (\varphi_{ik} - \varphi_{ik}^*)}{n-1} \quad \text{für } k \leqq 6 \quad \text{und} \quad a_k = \frac{\sum\limits_{i=1}^{n-1} (\varphi_{ik} - \varphi_{ik}^*)}{n-1}$$

für $k > 6$ setzen. Es gilt

$$\sum_{i=2}^{n}\sum_{k=1}^{6} \varphi_{ik} + \sum_{i=1}^{n-1}\sum_{k=7}^{12} \varphi_{ik} = \sum_{i=2}^{n-1}\sum_{k=1}^{12} \varphi_{ik} + \sum_{k=7}^{12} \varphi_{1k} + \sum_{k=1}^{6} \varphi_{nk},$$

ferner

$$\sum_{i=2}^{n}\sum_{k=1}^{6} \varphi_{ik}^* + \sum_{i=1}^{n-1}\sum_{k=7}^{12} \varphi_{ik}^* = \sum_{i=2}^{n-1}\sum_{k=1}^{12} \varphi_{ik} +$$

$$+ \frac{\sum\limits_{k=1}^{12} \left(k - \frac{1}{2}\right)\varphi_{1k}}{12} + \frac{\sum\limits_{k=1}^{12} \left(12 - k + \frac{1}{2}\right)\varphi_{nk}}{12}.$$

Aus diesen Gleichungen ergibt sich

$$(n-1)\sum_{k=1}^{12} a_k = \left(\sum_{k=7}^{12}\varphi_{1k} - \frac{\sum\limits_{k=1}^{12}\left(k - \frac{1}{2}\right)\varphi_{1k}}{12}\right) +$$

$$+ \left(\sum_{k=1}^{6}\varphi_{nk} - \frac{\sum\limits_{k=1}^{12}\left(12 - k + \frac{1}{2}\right)\varphi_{nk}}{12}\right) = \frac{\sum\limits_{k=1}^{6}\left(k - \frac{1}{2}\right)(\varphi_{1\,13-k} - \varphi_{1k})}{12} +$$

$$+ \frac{\sum\limits_{k=7}^{12}\left(12 - k + \frac{1}{2}\right)(\varphi_{n\,13-k} - \varphi_{nk})}{12},$$

also

$$\frac{\displaystyle\sum_{k=1}^{12} a_k}{12} =$$

$$= \frac{\displaystyle\sum_{k=1}^{6}\left(k-\frac{1}{2}\right)(\varphi_{1\,13-k}-\varphi_{1k}) + \sum_{k=7}^{12}\left(12-k+\frac{1}{2}\right)(\varphi_{n\,13-k}-\varphi_{nk})}{144\,(n-1)}. \qquad (\dagger)$$

Da auf der rechten Seite von ($\dagger$) im Nenner die sehr große Zahl $144\,(n-1)$ steht und die im Zähler vorkommenden Differenzen $(\varphi_{1\,13-k}-\varphi_{1k})$, $(\varphi_{n\,13-k}-\varphi_{nk})$ dem absoluten Betrage nach in den praktisch vorkommenden Fällen von derselben Größenordnung sind wie die Zahlen $|a_k|$ $(k=1, \ldots, 12)$, so wird $\left|\dfrac{\displaystyle\sum_{k=1}^{12} a_k}{12}\right|$ im allgemeinen sehr klein gegenüber $\dfrac{\displaystyle\sum_{k=1}^{12} |a_k|}{12}$ sein. Eine Abschätzung des Ausdruckes $\left|\dfrac{\displaystyle\sum_{k=1}^{12} a_k}{12}\right|$ nach oben erhält man, wenn man in ($\dagger$) für $k \leqq 6$ die Differenz $(\varphi_{1\,13-k}-\varphi_{1k})$ durch die Schwankung (d. i. die Differenz zwischen dem größten und kleinsten Wert) ϱ_1 von $\varphi(t)$ im ersten Jahre, und für $k > 6$, $(\varphi_{n\,13-k}-\varphi_{nk})$ durch die Schwankung ϱ_n von $\varphi(t)$ im n-ten Jahre ersetzt. Man erhält dann

$$\left|\frac{\displaystyle\sum_{k=1}^{12} a_k}{12}\right| < \frac{18\,\varrho_1 + 18\,\varrho_n}{144\,(n-1)} = \frac{\varrho_1 + \varrho_n}{8\,(n-1)}. \qquad (\dagger\dagger)$$

Der Ausdruck $\dfrac{\varrho_1 + \varrho_n}{8\,(n-1)}$ wird in der Regel bedeutend größer als $\left|\dfrac{\displaystyle\sum_{k=1}^{12} a_k}{12}\right|$ sein. In den meisten praktischen Fällen wird sogar $\dfrac{\varrho_1 + \varrho_n}{8\,(n-1)}$ klein gegenüber $\dfrac{\displaystyle\sum_{k=1}^{12} |a_k|}{12}$ sein.

Wir sagen, daß $\left|\dfrac{\sum\limits_{k=1}^{12} a_k}{12}\right|$ vernachlässigbar klein ist, falls man die Werte a_k durch Werte a_k' ($k = 1, \ldots, 12$) ersetzen kann, so daß $\sum\limits_{k=1}^{12} a_k' = 0$ und die Wertänderung von s_{ik}, die entsteht, wenn man in (11) a_i durch a_i' ($i = 1, 2, \ldots, 12$) ersetzt, kleiner ist als die zulässige Fehlergrenze. Es sei $\dfrac{\sum\limits_{k=1}^{12} a_k}{12} = \varrho\,\dfrac{\sum\limits_{k=1}^{12} |a_k|}{12}$. Wir ersetzen a_k durch $a_k' = a_k - \varrho\,|a_k|$. Vernachlässigt man die Größen von der Ordnung $(a_k' - a_k)^2$, so erhält man:

$$s_{ik}' - s_{ik} = \sum_{l=1}^{12} (a_l' - a_l)\,\frac{\partial}{\partial a_l}\left(a_k\,\frac{\sum\limits_{j=k-6}^{k+5} a_j\,\psi_{ij}}{12\,\sum\limits_{\nu=1} a_\nu^2}\right) =$$

$$= -\varrho \sum_{l=1}^{12} |a_l|\,\frac{\partial}{\partial a_l}\left(a_k\,\frac{\sum\limits_{j=k-6}^{k+5} a_j\,\psi_{ij}}{12\,\sum\limits_{\nu=1} a_\nu^2}\right) =$$

$$= \varrho\left[2a_k\,\frac{\sum\limits_{j=k-6}^{k+5} a_j\,\psi_{ij}}{12\,\sum\limits_{\nu=1} a_\nu^2}\cdot\frac{\sum\limits_{n=1}^{12} (a_n\,|a_n|)}{12\,\sum\limits_{\nu=1} a_\nu^2} - |a_k|\,\frac{\sum\limits_{j=k-6}^{k+5} a_j\,\psi_{ij}}{12\,\sum\limits_{\nu=1} a_\nu^2} - a_k\,\frac{\sum\limits_{j=k-6}^{k+5} |a_j|\,\psi_{ij}}{12\,\sum\limits_{\nu=1} a_\nu^2}\right],$$

wobei s_{ik}' den Wert bedeutet, welchen man nach (11) erhält, wenn man a_j durch a_j' ($j = 1, \ldots, 12$) ersetzt. Da $\left|\dfrac{\sum\limits_{n=1}^{12} a_n\,|a_n|}{12\,\sum\limits_{\nu=1} a_\nu^2}\right| \leqq 1$

ist, so folgt aus obiger Gleichung

$$\left| s'_{ik} - s_{ik} \right| \leqq |\varrho| \left(3\,|s_{ik}| + \left| a_k \frac{\sum\limits_{j=k-6}^{k+5} |a_j|\,\psi_{ij}}{\sum\limits_{v=1}^{12} a_v^2} \right| \right) \qquad (*)$$

Der Ausdruck $\left| \sum\limits_{j=k-6}^{k+5} |a_j|\,\psi_{ij} \right|$ ist $\leqq \left| \sum\limits_{j=k-6}^{k+5} a_j\,\psi_{ij} \right|$, falls die Summe $\sum\limits_{j} a_j\,\psi_{ij} \geqq 0$ ist, sowohl wenn man für alle j summiert, für welche $a_j \geqq 0$, als auch wenn man für alle j summiert, für welche $a_j \leqq 0$ ist. In den wirtschaftsstatistischen Reihen, wo nicht unbedeutende Saisonschwankungen auftreten, wird dies im allgemeinen erfüllt sein. Es wird sogar für jeden Monat j, in welchem die Saisonbewegung nicht sehr klein ist, die Abweichung ψ_{ij} des Ursprungswertes von seinem Jahresmittelwert in jedem Jahr i (eventuell mit wenigen Ausnahmen) stets dasselbe Vorzeichen haben wie a_j und mithin $a_j\,\psi_{ij} \geqq 0$ gelten. Man kann daher annehmen, daß

$$\left| \sum\limits_{j=k-6}^{k+5} |a_j|\,\psi_{ij} \right| \leqq \left| \sum\limits_{j=k-6}^{k+5} a_j\,\psi_{ij} \right|$$

gilt, also

$$\left| a_k \frac{\sum\limits_{j=k-6}^{k+5} |a_j|\,\psi_{ij}}{\sum\limits_{v=1}^{12} a_v^2} \right| \leqq \left| a_k \frac{\sum\limits_{j=k-6}^{k+5} a_j\,\psi_{ij}}{\sum\limits_{v=1}^{12} a_v^2} \right| = |s_{ik}|.$$

Aus der Ungleichung (*) folgt dann

$$\left| s'_{ik} - s_{ik} \right| \leqq \left| 4\,\varrho\,s_{ik} \right|.$$

Wir können daher folgende Regel aussprechen:

$$Ist\ \frac{\sum\limits_{k=1}^{12} a_k}{12} = \varrho\ \frac{\sum\limits_{k=1}^{12} |a_k|}{12}\ und\ ist\ |4\,\varrho\,s\,(t)|\ kleiner\ als\ die\ zulässige$$

$$Fehlergröße,\ so\ ist\ die\ Hypothese\ \frac{\sum\limits_{k=1}^{12} a_k}{12} \sim 0\ erfüllt.$$

In den Anwendungen wird $|\varrho|$, wie auch aus den Ungleichungen (†) und (††) ersichtlich ist, fast immer sehr klein ausfallen, so daß in der überwiegenden Mehrheit der Fälle $|4\,\varrho\,s\,(t)|$ innerhalb der zulässigen Fehlergrenze verlaufen wird. Liegt jedoch ein Fall vor, wo dies nicht erfüllt ist, so wird man gewisse Korrekturen vornehmen müssen, worüber wir später noch sprechen werden.

Wir wollen nun untersuchen, ob die Hypothese $\lambda_k \sim \lambda_0$

$$(k = 1, \ldots, 12)\ erfüllt\ ist.\ Laut\ Definition\ ist\ \lambda_k = \frac{\sum\limits_{i=1}^{n} \lambda_{ik}}{n}.$$

Wegen $\mu_{ik} = \frac{\lambda_{ik}}{\lambda_0}$ gilt dann $\dfrac{\lambda_k}{\lambda_0} = \dfrac{\sum\limits_{i=1}^{n} \mu_{ik}}{n}\ (k = 1, \ldots, 12)$.

In den ersten 6 Monaten des ersten Jahres und in den letzten 6 Monaten des letzten Jahres kann man ψ_{ij} nicht berechnen, mithin kann man μ_{ij} für die letzten 11 Monate des letzten Jahres und für das erste Jahr nach Formel (10) nicht berechnen.

Setzt man in dem Ausdruck $\mu_{1k} = \dfrac{\sum\limits_{j=k-6}^{k+5} a_j \psi_{1j}}{\sum\limits_{\nu=1}^{12} a_\nu^2} \cdot \dfrac{1}{12}$ $(k = 1, \ldots, 12)$

und $\mu_{nk} = \dfrac{\sum\limits_{j=k-6}^{k+5} a_j \psi_{nj}}{\sum\limits_{\nu=1}^{12} a_\nu^2} \cdot \dfrac{1}{12}$ $(k = 2, \ldots, 12)$ für diejenigen ψ_{1j} und

ψ_{nj}, die nicht berechnet werden können, den Wert 0 ein, so kann man annehmen, daß wir den Wert von μ_{1k} und μ_{nk} verkleinert haben, da im allgemeinen $a_j\,\psi_{ij}\geqq 0$ gilt. Um diesen Fehler teilweise zu kompensieren, werden wir $\dfrac{\lambda_k}{\lambda_0}$ nicht gleich $\dfrac{\sum\limits_{i=1}^{n}\mu_{ik}}{n}$,

sondern dem Ausdruck $\dfrac{\sum\limits_{i=1}^{n}\mu_{ik}}{n-1}$ gleichsetzen. Wir erhalten dann

$$\frac{\lambda_k}{\lambda_0}=\frac{\sum\limits_{i=1}^{n}\mu_{ik}}{n-1}=\frac{\sum\limits_{i=1}^{n}\sum\limits_{j=k-6}^{k+5}a_j\psi_{ij}}{(n-1)\sum\limits_{\nu=1}^{12}a_\nu^2}=\frac{a_1\sum\limits_{i=1}^{n}\psi_{i1}+\ldots+a_{12}\sum\limits_{i=1}^{n}\psi_{i\,12}}{(n-1)\sum\limits_{\nu=1}^{12}a_\nu^2}.$$

Da für $k\leqq 6$ $\psi_{1k}=0$ und für $k>6$ $\psi_{nk}=0$ gesetzt wurde, so ist $\sum\limits_{i=1}^{n}\psi_{ik}=(n-1)\,a_k$ $(k=1,\ldots,12)$. Aus obiger Gleichung folgt dann $\dfrac{\lambda_k}{\lambda_0}=1$.

Wir sehen also: Setzt man in den Ausdruck von μ_{1k} und μ_{nk} jene ψ_{1j} und ψ_{nj}, die nicht berechnet werden können, gleich 0 und setzt man $\dfrac{\lambda_k}{\lambda_0}$ statt $\dfrac{\sum\limits_{i=1}^{n}\mu_{ik}}{n}$ dem Ausdruck $\dfrac{\sum\limits_{i=1}^{n}\mu_{ik}}{n-1}$ gleich, so ergibt sich $\lambda_k=\lambda_0$. In den Anwendungen wird man allerdings die Werte μ_{1k} und μ_{nk} nicht so berechnen, daß man in Formel (10) jene ψ_{1j} und ψ_{nj}, die nicht berechnet werden können, gleich 0 setzt; man wird vielmehr $\mu_{1k}=\mu_{21}$ $(k=1,\ldots,12)$ und $\mu_{nk}=\mu_{n1}$ $(k=2,\ldots,12)$ setzen. In diesem Falle wird zwar $\dfrac{\lambda_k}{\lambda_0}=\dfrac{\sum\limits_{i=1}^{n}\mu_{ik}}{n}$ nicht exakt gleich 1 sein, jedoch wird die Abweichung von 1 sehr geringfügig sein, falls $\dfrac{\mu_{21}}{n}$ und $\dfrac{\mu_{n1}}{n}$ klein sind, was praktisch fast immer der Fall sein wird. Man kann daher sagen, daß in der überwiegenden Mehrheit der Fälle die Hypothese $\lambda_k \sim \lambda_0$ gut erfüllt sein wird.

Wir wollen uns nun der Frage zuwenden, wann die Änderung der Funktion

$$\mu(t) = \frac{\sum\limits_{j=k-6}^{k+5} a_j \, \psi_{i\,j}}{\sum\limits_{\nu=1}^{12} a_\nu^2} \quad \text{so ,,langsam'' ist, daß die Hy-}$$

pothese **VI** erfüllt ist. Die Hypothese **VI** kann als erfüllt betrachtet werden, falls folgendes gilt: Bestimmt man für jeden Zeitpunkt t_{ik} den Wert μ'_{ik} einer Funktion $\mu'(t)$ derart, daß der Ausdruck

$$\sum_{j=k-6}^{k+5} (s_{ij} - a_j \, \mu'_{ik})^2 = \sum_{j=k-6}^{k+5} (a_j \, \mu_{ij} - a_j \, \mu'_{i\,k})^2$$

ein Minimum wird, so verläuft die Differenz $s_{ik} - a_k \mu'_{ik} = = a_k (\mu_{ik} - \mu'_{ik})$ innerhalb der zulässigen Fehlergrenzen.

Nach bekannten Sätzen der Maximum-Minimum-Rechnung erhält man für μ'_{ik} die eindeutige Lösung:

$$\mu'_{ik} = \frac{\sum\limits_{j=k-6}^{k+5} a_j^2 \, \mu_{i\,j}}{\sum\limits_{\nu=1}^{12} a_\nu^2}.$$

Wir können unter der Voraussetzung, daß $\mu(t) \geqq 0$ ist, was praktisch stets der Fall sein wird, gewisse Abschätzungen für $|\mu_{ik} - \mu'_{ik}|$ angeben. Sind nämlich die Differenzen $\mu_{ik} - \mu_{ij}$ $(j = k - 6, \ldots, k + 5)$ dem absoluten Betrage nach kleiner als $\nu_{ik}\%$ des Wertes μ_{ik}, also $|\mu_{ik} - \mu_{ij}| < \frac{\nu_{ik}\,\mu_{ik}}{100}$, so ist auch die Differenz $\mu_{ik} - \mu'_{ik}$ dem absoluten Betrage nach kleiner als $\nu\%$ von μ_{ik}. Dies läßt sich folgendermaßen zeigen:

Ersetzt man in dem Ausdruck $\dfrac{\sum\limits_{j=k-6}^{k+5} a_j^2 \mu_{ij}}{12 \sum\limits_{\nu=1} a_\nu^2}$, $\mu_{ij}\,(j=k-6,\ldots,k+5)$

durch $\mu_{ik}\left(1+\dfrac{v_{ik}}{100}\right)$, so geht er in $\mu_{ik}\left(1+\dfrac{v_{ik}}{100}\right)$ über. Da nach Voraussetzung $\mu(t) \geq 0$ ist, so haben wir durch die obige Ersetzung jeden Summand nur vergrößert und es gilt daher

$$\mu_{ik}\left(1+\frac{v_{ik}}{100}\right) > \frac{\sum\limits_{j=k-6}^{k+5} a_j^2 \mu_{ij}}{12 \sum\limits_{\nu=1} a_\nu^2} = \mu'_{ik}.$$

Ebenso zeigt man, daß $\mu_{ik}\left(1-\dfrac{v_{ik}}{100}\right) < \mu'_{ik}$ ist. Verläuft $a_k \mu_{ik} \dfrac{v_{ik}}{100} > a_k |\mu_{ik}-\mu'_{ik}|$ innerhalb der zulässigen Fehlergrenzen, so ist die Hypothese **VI** erfüllt. Diese Bedingung ist also hinreichend, jedoch, wie man leicht zeigen kann, nicht notwendig. Sind die Wertänderungen von $\mu(t)$ so stark, daß $a_k \mu_{ik} \dfrac{v_{ik}}{100}$ größere Werte als die zulässige Fehlergrenze annimmt, so muß man die Differenz $|a_k \mu_{ik} - a_k \mu'_{ik}|$ untersuchen, und nur wenn auch dieser Ausdruck die zulässigen Fehlergrenzen überschreitet, ist die Hypothese **VI** nicht erfüllt.

Schließlich zeigen wir, daß, falls die Hypothese $\lambda_k \sim \lambda_0$ erfüllt ist, auch die Hypothese **I′** zutrifft. Es gilt nämlich.

und
$$\psi_{ik} = f_{ik} - f^*_{ik} + s_{ik} - s^*_{ik} + z_{ik} - z^*_{ik}$$

$$a_k = \frac{\sum\limits_{i=1}^{n} \psi_{ik}}{n} = \frac{\sum\limits_{i=1}^{n} (f_{ik}-f^*_{ik}-s^*_{ik}+z_{ik}-z^*_{ik})}{n} + a_k \frac{\sum\limits_{i=1}^{n} \mu_{ik}}{n}.$$

Da nach Voraussetzung $\lambda_k \sim \lambda_0$ also $\dfrac{\lambda_k}{\lambda_0} = \dfrac{\sum\limits_{i=1}^{n} \mu_{ik}}{n} \sim 1$ gilt, so folgt aus der obigen Gleichung

$$\frac{\sum_{i=1}^{n}(f_{ik}-f_{ik}^{*}-s_{ik}^{*}+z_{ik}-z_{ik}^{*})}{n}\sim 0,$$

womit **I′** bewiesen ist.

Zusammenfassend können wir also sagen: *Die nach (11) berechnete Saisonschwankung s (t) muß zwar den Hypothesen I′, III und V nicht notwendigerweise genügen, jedoch wird praktisch kaum ein solcher Fall eintreten. Auch die Hypothese VI dürfte in der überwiegenden Mehrheit der Fälle erfüllt sein.*

Wenn sich doch ein Fall ereignet, wo die Ergebnisse den gemachten Hypothesen nicht genügen, entsteht die Frage, welche Korrekturen vorgenommen werden sollen. Ja vielmehr, wir stellen sogar die Frage: Kann man die nach Formel (11) berechnete Saisonschwankung $s(t)$ als befriedigend betrachten, falls sie den Hypothesen **I′**, **III**, **V** und **VI** genügt, oder ist es möglich, daß auch in diesem Falle gewisse Korrekturen sich als notwendig erweisen. Man würde zunächst glauben, daß, falls $s(t)$ den gemachten Hypothesen genügt, man dies als Bestätigung derselben ansehen könne und kein Grund vorhanden sei, die Güte der Resultate zu bezweifeln. Bei genauerer Betrachtung sieht man jedoch, daß dies nicht so sein muß. Der Grund hiefür liegt im folgenden: Wie bereits in Kapitel I ausgeführt wurde, werden die Hypothesen auf Grund allgemeiner uns plausibel erscheinender Eigenschaften der Reihenkomponenten aufgestellt. Nun werden nicht alle diese Eigenschaften in den Hypothesen formuliert, da bereits ein Teil davon schon zur eindeutigen Bestimmung von $s(t)$ ausreicht. Es ist daher denkbar, daß die nach Formel (11) berechnete Saisonschwankung zwar den Hypothesen **I′**, **III**, **V** und **VI** genügt, jedoch irgend einer in diesen Hypothesen nicht ausgedrückten und uns plausibel erscheinenden Eigenschaft der Reihenkomponenten widerspricht, deren Nichterfülltsein uns viel unwahrscheinlicher erscheint, als das Nichterfülltsein einiger in den Hypothesen **I′, III, V** und **VI** formulierter Annahmen. In diesem Falle wird man wohl sagen, daß die nach (11) berechnete Saisonschwankung $s(t)$ kein befriedigendes Ergebnis liefert und einer Korrektur bedarf. Ein Beispiel möge dies näher erläutern. Die Ursprungsreihe $\varphi(t)$ sei $= c + q(t)$, definiert für n aufeinanderfolgende Jahre, wobei c eine Konstante und $q(t)$ eine Funktion bedeutet, die den folgenden Bedingungen genügt:

$$q_{1k} = q_{2k} = \ldots = q_{nk} = \alpha_k \quad (k = 2, 3, \ldots, 12),$$

$$q_{i1} = \frac{n + i - 2}{n - 1}\,\beta \quad (i = 1, 2, \ldots, n)$$

und

$$\frac{3\beta}{2} + \sum_{k=2}^{12} \alpha_k = 0.$$

Wendet man auf diese Reihe unsere Methode an und ist $0 < \beta < |\alpha_k|$ $(k = 2, 3, \ldots, 12)$, so bestätigt man leicht, daß mit großer Annäherung $a_1 \sim \dfrac{3\beta}{2}$; $a_k \sim \alpha_k$ $(k = 2, \ldots, 12)$ und $\mu_{ik} \sim 1$ gilt. Nach (11) gilt dann

$$s_{i1} \sim \frac{3\beta}{2} \quad (i = 1, 2, \ldots, n),$$

$$s_{ik} \sim \alpha_k \quad (i = 1, 2, \ldots, n;\; k = 2, \ldots, 12).$$

Man sieht unmittelbar, daß die so berechnete Funktion $s(t)$ den Hypothesen **I′, III, V** und **VI** genügt. Die bereinigte Reihe wird die folgende Eigentümlichkeit aufweisen: Für alle Jahre $i < \dfrac{n}{2}$ wird im Januar der Wert der bereinigten Reihe regelmäßig unter dem Wert des gleitenden 12-Monatsdurchschnittes und für $i > \dfrac{n}{2}$ oberhalb des gleitenden 12-Monatsdurchschnittes liegen. Diese Resultate wird man kaum als zufriedenstellend betrachten, und zwar aus folgendem Grunde: Für die Differenz $\varphi(t) - s(t) - \varphi^*(t)$ zwischen der saisonbereinigten Reihe und dem gleitenden 12-Monatsdurchschnitt gilt nach (1) offenbar:

$$\varphi(t) - s(t) - \varphi^*(t) = f(t) - f^*(t) - s^*(t) + z(t) - z^*(t).$$

Da nach Voraussetzung $\dfrac{3\beta}{2} + \sum\limits_{k=2}^{12} \alpha_k = 0$ ist, so gilt $s^*(t) \sim 0$, und mithin

$$\varphi(t) - s(t) - \varphi^*(t) \sim f(t) - f^*(t) + z(t) - z^*(t).$$

Nach unseren Kenntnissen über das Wesen der Komponenten $f(t)$ und $z(t)$ wäre außerordentlich unwahrscheinlich, daß der Ausdruck auf der rechten Seite der obigen Gleichung im Januar aller Jahre $i < \dfrac{n}{2}$ einen negativen und in den Jahren $i > \dfrac{n}{2}$ einen positiven Wert habe. Wir werden uns vielmehr auf den Standpunkt stellen, daß die Annahme $s(t) = \lambda(t)\, p(t)$, wobei $p(t)$ eine periodische Funktion ist und $\lambda(t)$ eine mit der Zeit sich „langsam" ändernde Funktion bedeutet, nicht erfüllt ist und die Saisonschwankung auch ihre Form mit der Zeit langsam ändert. Man wird in diesem Falle offenbar die Funktion $q(t)$ als die Saisonschwankung und die Konstante c als die saisonbereinigte Reihe ansehen. Wir sehen also, daß zwar in dem vorliegenden Falle eine den Hypothesen **I′, III, V** und **VI** genügende Saisonbewegung sich bestimmen läßt, jedoch wird sie nicht als befriedigendes Ergebnis betrachtet, weil sie anderen in den Hypothesen **I′, III, V** und **VI** nicht formulierten und uns sehr plausibel erscheinenden Annahmen widerspricht.

Wir werden uns daher zunächst mit der Frage beschäftigen, welche weiteren Eigenschaften außer **I′, III, V** und **VI** für $s(t)$ und $\varrho(t)$ noch bestehen müssen, damit die Ergebnisse als zufriedenstellend betrachtet werden können.

Zwecks der Berechnung von $s(t)$ haben wir (Hypothese **I′**) über die restliche Schwankung $\varrho(t)$ bloß die Annahme gemacht:

$$\frac{\sum\limits_{i=1}^{n} \varrho_{ik}}{n} \sim 0.$$

Wir werden jedoch viel mehr verlangen, nämlich, daß $\varrho(t)$ keine deutlichen Spuren von Saisonbewegungen aufweise, d. h. daß *keine* der beiden folgenden Eigenschaften bestehe:

1. Es gibt eine Gruppe von Monaten: $k_1, \ldots, k_r$ $(r \geqq 2)$ und eine Gruppe von aufeinanderfolgenden Jahren: $i, i+1, \ldots$ $\ldots, i+j$, derart, daß die Zahlenreihen:

$$\varrho_{ik_1}, \ldots, \varrho_{ik_r},$$
$$\varrho_{i+1k_1}, \ldots, \varrho_{i+1k_r},$$
$$\cdots\cdots\cdots\cdots\cdots$$
$$\varrho_{i+jk_1}, \ldots, \varrho_{i+jk_r}$$

zueinander paarweise stark linear korreliert sind.

2. Es gibt einen Monat k, so daß in einer längeren Gruppe von aufeinanderfolgenden Jahren $\varrho(t)$ in dem Monat k nur größere positive, bzw. dem absoluten Betrage nach große negative Werte aufweist.

Den in Kapitel II (S. 25) erwähnten Fall, daß $\varrho(t)$ in gewissen Zeitintervallen mit der Saisonbewegung stark linear korreliert ist, brauchen wir hier nicht zu behandeln, da ein solcher Fall nicht eintreten kann. Eine bedeutende lineare Korrelation zwischen $\varrho(t)$ und $s(t)$ wird nämlich wegen $s_{ik} = a_k \mu_{ik}$ und der langsamen Änderung der Funktion $\mu(t)$, eine solche zwischen den Werten ϱ_{ik} und a_k bedeuten, was aber (zumindest wenn die Funktion $\mu(t)$ ihren Wert nicht allzu rasch ändert) nicht möglich ist, wie dies auf Grund der gegebenen Berechnungsformeln für $s(t)$ und $\varrho(t)$ bestätigt werden kann.

Ad 1 ist noch zu bemerken, daß, falls r klein ist, etwa $= 2$ oder 3, bloß verlangt wird, daß es eine längere Gruppe von aufeinanderfolgenden Jahren nicht gäbe, für welche 1 gilt. Ist aber r groß, so wird man verlangen, daß es auch keine kürzeren Gruppen von aufeinanderfolgenden Jahren gäbe, für welche 1 gilt. In dem extremen Fall, daß $r = 12$ ist, wird man sogar verlangen, daß es nicht einmal zwei benachbarte Jahre mit der Eigenschaft 1 gäbe.

Auf die Frage, wann die Korrelation als genügend „stark" und die Gruppe der Jahre als genügend „lang" betrachtet werden kann, werden wir im folgenden noch zurückkommen.

Noch weitere Forderungen an $\varrho\,(t)$ zu stellen, etwa daß $\varrho\,(t)$ sich so verhalte wie eine zufällige Variable im Sinne der Wahrscheinlichkeitstheorie, wäre nicht berechtigt. Denn erstens können in $\varrho\,(t)$ noch verschiedene Reste der Trend- und Konjunkturbewegung enthalten sein, da $\varrho\,(t) = f\,(t) - f^*(t) + + z\,(t) - z^*(t) - s^*(t)$ ist und $f\,(t) - f^*(t)$ unter Umständen nicht vernachlässigbar klein ist; zweitens ist auch denkbar, daß $z\,(t)$ selbst sich nicht wie eine zufällige Variable verhält; es können z. B. in $z\,(t)$ ganz kurze Zyklen oder Regelmäßigkeiten anderer Art auftreten. Es sind dies unwahrscheinliche Fälle, und es ist anzunehmen, daß $\varrho\,(t)$ in der Regel sich wie eine zufällige Variable verhalten wird. Ist jedoch in der betrachteten Reihe dies nicht der Fall und gibt es keine Monats- und Jahresgruppen mit der Eigenschaft 1 oder 2, so wäre nicht begründet, anzunehmen, daß die Saisonschwankung nicht richtig berechnet sei und $\varrho\,(t)$ noch einen Teil der Saisonkomponente enthält; es ist vielmehr anzunehmen, daß in $\varrho\,(t)$ noch gewisse Reste der Trend- und Konjunkturbewegung vorhanden sind. *Wir werden daher die Ergebnisse als zufriedenstellend betrachten, falls $\varrho\,(t)$ keine der beiden Eigenschaften 1 und 2 aufweist.*

Es soll nun die Frage behandelt werden, wie man feststellen kann, ob Monats- oder Jahresgruppen mit der Eigenschaft 1 oder 2 existieren und falls ja, welche Korrekturen anzuwenden seien. Da in den meisten praktischen Fällen die nach Formel (11) berechnete Saisonschwankung mindestens in erster Annäherung als richtig betrachtet werden kann und die etwaigen Korrekturen nur eine Verfeinerung derselben bedeuten, so empfiehlt es sich, um verwickelte Rechnungen zu vermeiden, folgendes Verfahren einzuschlagen: Man zeichne die einzelnen Jahre von $\varrho\,(t)$ übereinander. Falls Monats- und Jahresgruppen mit der Eigenschaft 1 existieren, so zeigt sich dies in unserer Zeichnung daran, daß in den betreffenden Monaten je zwei Jahreskurven der betreffenden Gruppe eine starke parallele oder gegenläufige Bewegung (je nachdem, ob der Regressionskoeffizient $>$ oder < 0 ist) aufweisen. Ebenso kann man aus der Zeichnung leicht entnehmen, ob es einen Monat k mit der Eigenschaft 2 gibt. Wir wollen dafür, ob die eventuell gefundene parallele oder gegenläufige Bewegung einiger Jahreskurven von $\varrho\,(t)$, bzw. die regelmäßig positiven (negativen) Werte von $\varrho\,(t)$ in einem Monat k für eine Reihe von aufeinanderfolgenden Jahren, als in $\varrho\,(t)$ noch vorhandene Reste der Saisonbewegung gewertet werden sollen, keine starren Kriterien angeben. Es soll dies womöglich auf Grund spezieller Kenntnisse über die zu analysierende Reihe entschieden werden. Verfügt man nicht über solche spezielle Kenntnisse, dann soll man die oben erwähnten Regelmäßigkeiten nur dann als Saisonbewegung deuten, falls diese in stärkerem Maße auftreten, als es in einer Reihe mit Zufallscharakter zulässig wäre. Man kann dies mit Hilfe von Methoden der mathematischen Statistik feststellen, jedoch würden dann sehr umfangreiche Rechnungen notwendig sein und der Aufwand an Arbeit würde kaum mit den erzielbaren Resultaten in Einklang stehen. Die meisten konjunkturstatistischen Reihen, die zur Verfügung stehen, sind meistens zu kurz (etwa 10 bis 15 Jahre), um solche statistische Untersuchungen mit Erfolg anwenden zu können. Es bleibt daher nichts anderes übrig, als dies dem subjektiven Ermessen zu überlassen.

Werden gewisse Reste der Saisonbewegung in $\varrho\,(t)$ festgestellt, so wird zur Berechnung derselben folgendes Verfahren vorgeschlagen: Ist $k_1, \ldots, k_r$ $(r \geqq 1)$ eine Gruppe von Monaten und $i, i+1, \ldots, i+j$ eine Gruppe von aufeinanderfolgenden

Jahren, für welche die Eigenschaft 1 oder 2 gilt, wobei im Falle der Eigenschaft 1 der Korrelationskoeffizient für je zwei Zahlenreihen der Gruppe

$$\varrho_{ik_1}, \ldots, \varrho_{ik_r},$$
$$\cdots\cdots\cdots\cdots\cdots$$
$$\varrho_{i+jk_1}, \ldots, \varrho_{i+jk_r}$$

> 0 ist, so berechnet man für jeden Monat k_l ($1 \leqq l \leqq r$) das arithmetische Mittel

$$\frac{\sum\limits_{\nu=i}^{i+j} \varrho_{\nu k_l}}{j+1} = d_{k_l}.$$

Die Größe d_{k_l} wird als der in $\varrho\,(t)$ noch vorhandene Rest der Saisonschwankung in dem Monat k_l der Jahre $i, i+1, \ldots, i+j$ betrachtet. Der korrigierte Wert $s'_{\nu k_l}$ der Saisonschwankung ergibt sich dann nach der Formel

$$s'_{\nu k_l} = s_{\nu k_l} + d_{k_l} \;(1 \leqq l \leqq r; \; i \leqq \nu \leqq i+j). \tag{15}$$

Ist $k_1, \ldots, k_r\,(r \geqq 2)$ eine Gruppe von Monaten und $i, i+1, \ldots$
$\ldots, i+j$ eine Gruppe von Jahren mit der Eigenschaft 1, wobei in der Gruppe

$$\varrho_{ik_1}, \ldots, \varrho_{ik_r},$$
$$\cdots\cdots\cdots\cdots\cdots$$
$$\varrho_{i+jk_1}, \ldots, \varrho_{i+jk_r}$$

zumindest zwei Zahlenreihen existieren, die negativ korreliert sind, so geht man folgendermaßen vor: Man bildet die Zahlenreihen

$$\varepsilon_i \varrho_{ik_1}, \ldots, \varepsilon_i \varrho_{ik_r},$$
$$\varepsilon_{i+1} \varrho_{i+1k_1}, \ldots, \varepsilon_{i+1} \varrho_{i+1k_r},$$
$$\cdots\cdots\cdots\cdots\cdots\cdots\cdots\cdots$$
$$\varepsilon_{i+j} \varrho_{i+jk_1}, \ldots, \varepsilon_{i+j} \varrho_{i+jk_r},$$

wobei ε_ν $(\nu = i, i+1, \ldots, i+j)$ gleich $+1$ oder -1 ist, je nachdem, ob der Korrelationskoeffizient zwischen den Reihen

$$\varrho_{i k_1}, \ldots, \varrho_{i k_r} \quad \text{und} \quad \varrho_{\nu k_1}, \ldots, \varrho_{\nu k_r}$$

positiv oder negativ ist. Es wird dann für jeden Monat k_l $(1 \leqq l \leqq r)$ das arithmetische Mittel

$$\frac{\sum\limits_{\nu=i}^{i+j} \varepsilon_\nu\, \varrho_{\nu k_l}}{j+1} = d^*_{k_l}$$

gebildet. Die Größe $d^*_{k_l}$ wird als der in $\varrho(t)$ noch vorhandene Rest der Saisonschwankung in dem Monat k_l der Jahre $i, i+1, \ldots, i+j$ betrachtet. Der korrigierte Wert $s'_{\nu k_l}$ der Saisonschwankung ergibt sich nach der Formel:

$$s'_{\nu k_l} = s_{\nu k_l} + \varepsilon_\nu\, d^*_{k_l} \quad (1 \leqq l \leqq r;\ i \leqq \nu \leqq i+j). \tag{16}$$

Die korrigierte saisonbereinigte Reihe erhält man, indem man von der Ursprungsreihe die korrigierten Werte der Saisonschwankung subtrahiert.

Die Korrekturen nach den Gl. (15) und (16) können zwar nicht als sehr fein betrachtet werden, zur Rechtfertigung diene jedoch, daß es sich hier einerseits in der Regel nur um kleine Korrekturen handelt, da im allgemeinen die nach Formel (11) berechnete Saisonschwankung zumindest in erster Annäherung gute Resultate liefert, anderseits ein feineres Verfahren bedeutend größere Rechenarbeit erfordern würde. Die Korrekturen auf Grund der Gl. (15) und (16) können mit einer minimalen Rechenarbeit durchgeführt werden. Ob Gruppen mit der Eigenschaft 1 oder 2 existieren, wird an der Zeichnung rein visuell festgestellt. Falls eine Gruppe mit der Eigenschaft 1 vorliegt, kann man ebenfalls visuell feststellen, ob zwischen zwei Reihen eine positive oder negative Korrelation besteht; in dem ersten Fall werden nämlich die zwei Reihen eine parallele, im zweiten Fall eine gegenläufige Bewegung aufweisen. Die

Rechenarbeit besteht also bloß in der Bildung der Mittelwerte d_{k_l}, bzw. $d_{k_l}^*$. *Es sei noch ausdrücklich bemerkt, daß, wenn doch ein Fall sich ereignet, wo $\varrho(t)$ besonders starke Regelmäßigkeiten (Eigenschaften 1 und 2) zeigt, so daß allzu große Korrekturen sich als nötig erweisen würden, man das obige Verfahren dann nicht verwenden soll, da es unter Umständen allzu ungenaue Resultate liefert. In einem solchen Fall kann die Saisonschwankung überhaupt nicht nach Formel (11) berechnet werden.*

Wir wollen nun den Fall betrachten, daß $s(t)$ den Hypothesen **I′**, **III**, **V** und **VI** nicht genügt. Wie bereits gezeigt wurde, wird sich praktisch ein solcher Fall nur selten ereignen. Liegt doch ein solcher Fall vor, so ist anzunehmen, daß im allgemeinen auch dann der in $\varrho(t)$ noch vorhandene Rest der Saisonschwankung in Regelmäßigkeiten der oben erwähnten Art (Eigenschaften 1 und 2) zum Ausdruck kommt. Man kann daher von einer direkten Untersuchung, ob $s(t)$ den Hypothesen **I′**, **III**, **V** und **VI** genügt, Abstand nehmen und sich bloß mit der soeben beschriebenen Prüfung von $\varrho(t)$ begnügen.

Es wird jedoch empfohlen, da keine besondere Rechenarbeit dafür notwendig ist, die Werte a_k so zu korrigieren, daß $\sum_{k=1}^{12} a_k = 0$ gelte. Am besten berechnet man die korrigierten Werte a_k' nach folgender Formel.

$$a_k' = a_k - |a_k| \frac{\sum\limits_{j=1}^{12} a_j}{\sum\limits_{j=1}^{12} |a_j|} \quad (k = 1, \ldots, 12),$$

wobei $|a_j|$ den absoluten Wert von a_j bedeutet.

Wir wollen schließlich den nicht seltenen und wichtigen Fall besprechen, daß für irgend einen Monat k in der Zahlenreihe $\psi_{1k}, \ldots, \psi_{nk}$ einige Extremwerte auftreten, die von den übrigen

Werten außerordentlich stark abweichen. In diesem Falle
empfiehlt es sich, für die Berechnung von a_k diese Extremwerte
nicht zu verwenden, d. h. man streiche in der Reihe $\psi_{1k}, \ldots, \psi_{nk}$
die eventuell auftretenden extremen Werte und setze a_k gleich
dem arithmetischen Mittel der übrigen Werte. Wir wollen
dafür, wann ein Wert als Extremwert zu betrachten ist, keine
starren Kriterien geben, man soll dies womöglich auf Grund
spezieller Kenntnisse über die gegebene Zeitreihe entscheiden,

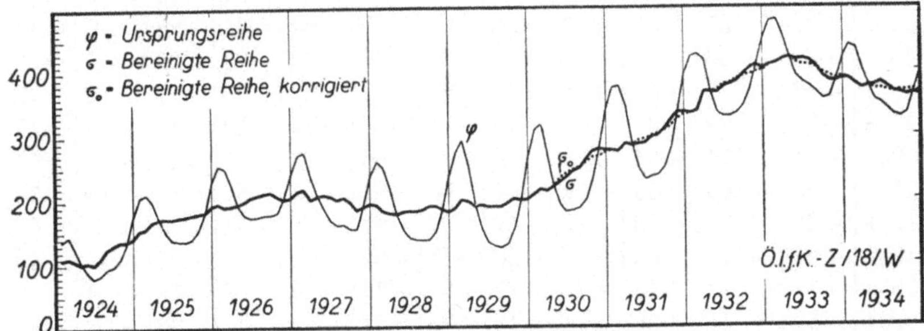

Fig. 18. Anzahl der zur Vermittlung vorgemerkten Arbeitslosen in
Österreich insgesamt

Ursprungsreihe, bereinigte Reihe, korrigiert und unkorrigiert (arithmetischer Maßstab, in 1000 Personen)

und zwar soll man einen Wert dann als Extremwert betrachten,
falls er hauptsächlich als Wirkung von außersaisonmäßigen
Ursachen anzusehen ist.[1])

Es sei noch bemerkt, daß ganz allgemein, wenn spezielle
Kenntnisse irgend welcher Natur über die betrachtete Reihe
vorliegen, die für die Reihenverlegung von Belang sind, diese
stets verwertet werden sollen. Man gelangt hiedurch sicherlich
zu genaueren Resultaten.

Es soll die Prüfung und Korrektur der Ergebnisse an Hand
einiger praktischer Beispiele erläutert werden.

---

[1]) Vgl. hiezu auch die Ausführungen im Abschnitt IV, S. 133.

Als erstes Beispiel betrachten wir die Reihe der Anzahl der
zur Vermittlung vorgemerkten Arbeitslosen in Österreich.
In der folgenden Tabelle sind die Werte von ψ_{ik}, d. i. die Differenz
zwischen der Ursprungsreihe und ihrem gleitenden 12-Monats-
durchschnitt, angegeben:

Tabelle 7

	I.	II.	III.	IV.	V.	VI.	VII.	VIII.	IX.	X.	XI.	XII.
1924	+25	+ 33	+17	− 7	−21	−33	−33	−28	−31	−24	− 5	+30
1925	+56	+ 57	+41	+11	−14	−31	−36	−41	−41	−28	0	+44
1926	+65	+ 58	+28	− 4	−23	−29	−29	−27	−29	−26	− 6	+33
1927	+63	+ 70	+32	+ 6	−16	−31	−40	−37	−43	−41	− 1	+48
1928	+72	+ 66	+36	− 3	−29	−41	−46	−49	−52	−40	− 5	+47
1929	+85	+104	+64	+ 5	−34	−58	−66	−72	−68	−45	− 1	+60
1930	+98	+103	+50	− 4	−41	−60	−62	−65	−57	−31	+12	+70
1931	+99	+ 97	+62	− 2	−44	−67	−67	−68	−61	−36	+13	+64
1932	+83	+ 79	+62	+ 4	−36	−48	−51	−51	−44	−22	+13	+48
1933	+72	+ 71	+45	+12	−17	−26	−29	−35	−42	−34	− 6	+36
1934	+57	+ 55	+26	+ 1	−19	−23	−32	−39	−42	−35	− 3	+34

Man sieht, daß in keinem Monat k die Reihe $\psi_{1k}, \ldots, \psi_{nk}$
extreme Werte enthält, und mithin wird a_k gleich dem arithmetischen Mittel sämtlicher k-ten Monatswerte ψ gesetzt. In
der Fig. 18 ist die Ursprungs- und die saisonbereinigte Reihe
dargestellt.

Die Saisonbewegung scheint recht gut ausgeschaltet zu sein.
Um aber dies genauer zu prüfen, werden wir im Sinne der
obigen Ausführungen die restliche Schwankung $\varrho\,(t)$, d. i. die
Differenz zwischen der saisonbereinigten Reihe und dem gleitenden 12-Monatsdurchschnitt, untersuchen. In der neben-
stehenden Tabelle 8 sind die Werte von $s\,(t)$ und $\varrho\,(t)$ angegeben.

Die restliche Schwankung ist sehr klein gegenüber der
Saisonbewegung. Zeichnet man für jedes Jahr die Werte von
$\varrho\,(t)$ übereinander auf (Fig. 20), so kann man folgendes feststellen: Die Bewegungen in den Jahren 1930, 1931 und 1932

Tabelle 8

		I.	II.	III.	IV.	V.	VI.	VII.	VIII.	IX.	X.	XI.	XII.
1924	$s(t)$	+ 30	+ 33	+ 20	+ 1	— 14	— 21	— 25	— 29	— 33	— 25	+ 1	+ 35
	$\varrho(t)$	— 5	0	— 3	— 8	— 7	— 12	— 8	+ 1	+ 2	+ 1	— 6	— 5
1925	$s(t)$	+ 53	+ 55	+ 32	+ 1	— 21	— 33	— 37	— 39	— 39	— 27	+ 1	+ 39
	$\varrho(t)$	+ 3	+ 2	+ 9	+ 10	+ 7	+ 2	+ 1	— 2	— 2	— 1	— 1	+ 5
1926	$s(t)$	+ 59	+ 60	+ 33	+ 1	— 21	— 32	— 34	— 34	— 36	— 26	+ 1	+ 37
	$\varrho(t)$	+ 6	— 2	— 5	— 5	— 2	+ 3	+ 5	+ 7	+ 7	0	— 7	— 4
1927	$s(t)$	+ 56	+ 59	+ 35	+ 2	— 23	— 36	— 40	— 43	— 42	— 30	+ 1	+ 44
	$\varrho(t)$	+ 7	+ 11	— 3	+ 4	+ 7	+ 5	0	+ 6	— 1	— 11	— 2	+ 4
1928	$s(t)$	+ 68	+ 70	+ 41	+ 2	— 27	— 41	— 45	— 48	— 53	— 40	+ 1	+ 57
	$\varrho(t)$	+ 4	— 4	— 5	— 5	— 2	0	— 1	— 1	+ 1	0	— 6	— 10
1929	$s(t)$	+ 88	+ 93	+ 55	+ 3	— 37	— 56	— 62	— 65	— 65	— 46	+ 1	+ 66
	$\varrho(t)$	— 3	+ 11	+ 9	+ 2	+ 3	— 2	— 4	— 7	— 3	+ 1	— 2	— 6
1930	$s(t)$	+ 100	+ 102	+ 58	+ 3	— 36	— 55	— 61	— 63	— 62	— 45	+ 1	+ 64
	$\varrho(t)$	— 2	+ 1	— 8	— 7	— 5	— 5	— 1	— 2	+ 5	+ 14	+ 11	+ 6
1931	$s(t)$	+ 98	+ 102	+ 59	+ 3	— 38	— 58	— 63	— 62	— 60	— 43	+ 1	+ 61
	$\varrho(t)$	+ 1	— 5	+ 3	— 5	— 6	— 9	— 4	— 6	— 1	+ 7	+ 12	+ 3
1932	$s(t)$	+ 89	+ 90	+ 50	+ 2	— 31	— 47	— 50	— 50	— 49	— 34	+ 1	+ 47
	$\varrho(t)$	— 6	— 11	+ 12	+ 2	— 5	— 1	— 1	— 1	+ 5	+ 12	+ 12	+ 1
1933	$s(t)$	+ 69	+ 68	+ 38	+ 2	— 25	— 37	— 40	— 39	— 36	— 25	+ 1	+ 36
	$\varrho(t)$	+ 3	+ 3	+ 7	+ 10	+ 8	+ 11	+ 11	+ 4	— 6	— 9	— 7	0
1934	$s(t)$	+ 54	+ 56	+ 32	+ 1	— 21	— 32	— 35	— 36	— 37	— 28	+ 1	+ 39
	$\varrho(t)$	+ 3	— 1	— 6	0	+ 2	+ 9	+ 3	— 3	— 5	— 7	— 4	— 5

verlaufen zumindest von Mai bis Dezember ziemlich parallel zueinander, es besteht also eine starke Korrelation unter ihnen. Ebenso zeigen die Kurven in den Jahren 1933 und 1934 von Mai bis Dezember einen ähnlichen Verlauf. In den übrigen Jahren kann man keine besonderen Regelmäßigkeiten feststellen.

Man wird also annehmen, daß in den Jahren 1930 bis 1932, sowie in den Jahren 1933 und 1934 in $\varrho\,(t)$ noch gewisse kleine Reste der Saisonbewegung vorhanden sind. Um diese Reste

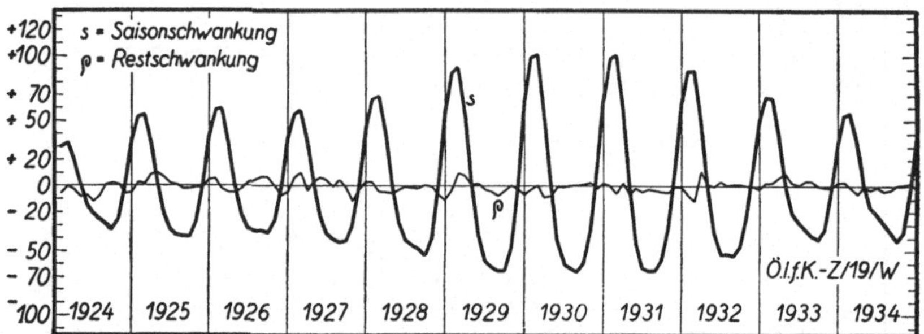

Fig. 19. Anzahl der zur Vermittlung vorgemerkten Arbeitslosen in Österreich insgesamt

Saisonschwankung und Restschwankung (arithmetischer Maßstab, in 1000 Personen)

zu eliminieren, bildet man nach Formel (15) für jeden Monat $k \geqq 5$ (von Mai bis Dezember) das arithmetische Mittel d_k der k-ten Monatswerte von $\varrho\,(t)$ in·den Jahren 1930 bis 1932, sowie das arithmetische Mittel d'_k der k-ten Monatswerte von $\varrho\,(t)$ in den Jahren 1933 und 1934. Man erhält die folgenden Werte:

$$d_5 = -5{\cdot}3; \qquad d_6 = -5; \qquad d_7 = -2; \qquad d_8 = -3;$$
$$d_9 = 3; \qquad d_{10} = 11; \qquad d_{11} = 11{\cdot}6; \qquad d_{12} = 3{\cdot}3.$$

$$d'_5 = 5; \qquad d'_6 = 10; \qquad d'_7 = 7; \qquad d'_8 = 0{\cdot}5;$$
$$d'_9 = -5{\cdot}5; \qquad d'_{10} = -8; \qquad d'_{11} = -5{\cdot}5; \qquad d'_{12} = -2{\cdot}5.$$

Den korrigierten k-ten Monatswert der saisonbereinigten Reihe erhält man, indem man von dem unkorrigierten Wert

d_k, bzw. d'_k subtrahiert. In Fig. 18 stellt die punktierte Linie die korrigierten Werte der saisonbereinigten Reihe dar. Wie man sieht, ist die Korrektur nicht sehr groß. In Fig. 19 ist die Saisonbewegung und die restliche Schwankung (mit den Werten d_k, bzw. d'_k bereits korrigiert) dargestellt. Die Saisonbewegung ändert mit der Zeit ihre Intensität, wobei diese Änderung, wie man leicht feststellen kann, weder mit dem Trend, noch mit den Ursprungswerten proportional vor sich geht. Für diese Reihe kann daher die PERSONS-sche Berechnungsmethode nicht angewendet werden.

Als zweites Beispiel betrachten wir die Reihe der Anzahl der beförderten Personen auf den städtischen Straßenbahnen in Wien.

Die Differenz $\psi(t)$ zwischen der Ursprungsreihe und ihrem gleitenden 12-Monatsdurchschnitt ist in der folgenden Tabelle 9 (s. S. 118) angegeben.

Einige Monatsreihen[1]) von ψ weisen eine starke Streuung auf. Unter den Septemberwerten weicht der Wert im Jahre 1927 besonders stark von den übrigen ab und wurde daher für die Berechnung von a_9 nicht verwendet. Ebenso ist der Juliwert im Jahre 1928 als Extremwert zu betrachten und wurde für die Mittelbildung der

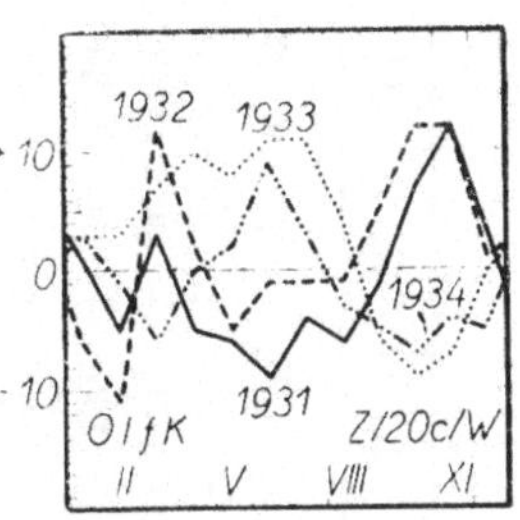

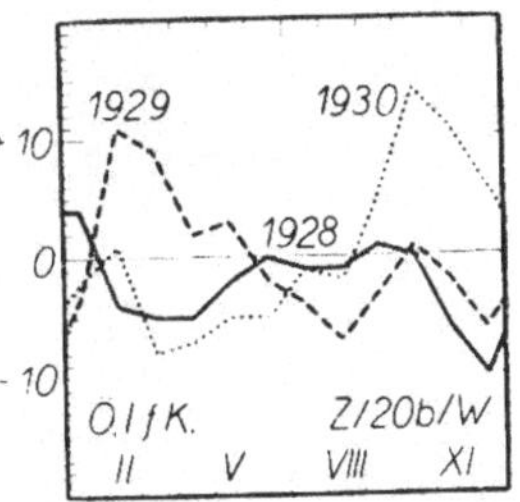

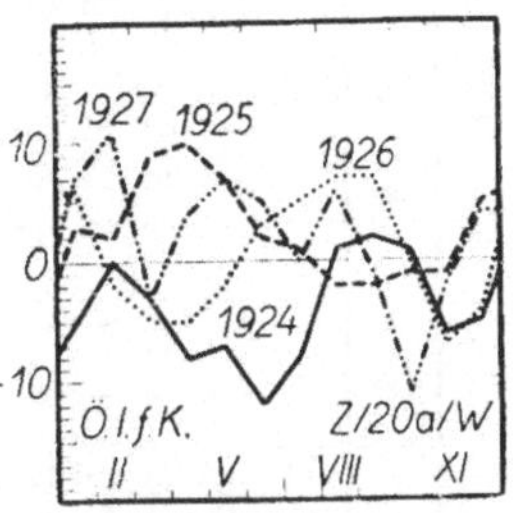

Fig. 20. Anzahl der zur Vermittlung vorgemerkten Arbeitslosen in Österreich insgesamt

Jahreskurven der Restschwankungen (arithmetischer Maßstab, in 1000 Personen)

---

[1]) Unter einer Monatsreihe von ψ verstehen wir die Werte von ψ in demselben Monat der verschiedenen Jahre, also $\psi_{1k}, \ldots, \psi_{nk}$.

Tabelle 9

	I.	II.	III.	IV.	V.	VI.	VII.	VIII.	IX.	X.	XI.	XII.
1925							−160	−381	+80	+520	−20	+50
1926	−172	−524	+30	+160	+350	+60	−60	−547	+10	+420	+70	+210
1927	−160	−672	+100	+180	+310	+170	−190	−585	+650	+110	−40	+130
1928	−200	−456	+20	+30	+250	+230	+40	−505	+170	+400	+90	+320
1929	−260	−827	+200	+40	+430	+200	−90	−530	+30	+270	+110	+200
1930	−242	−535	+210	+110	+450	+310	−406	−510	−85	+324	+93	+295
1931	−100	−578	−11	+55	+524	+215	−71	−493	−145	+437	+43	+99
1932	−106	−362	−31	+173	+393	+107	−220	−450	−3	+131	+1	+486
1933	−104	−384	+72	+37	+204	+85	−165	−451	+155	+306	−79	+81
1934	−82	−658	+157	+173	+330	+118	−232	−568	+99	+270	+51	+184
1935	−144	−481	+2	+134	+303	+235						

Juliwerte nicht verwendet. Es sind zwar auch in einigen anderen Monatsreihen von ψ Werte vorhanden, die von den übrigen Werten derselben Monatsreihe wesentlich abweichen (z. B. der Wert von ψ im November 1933), jedoch nicht in so starkem Maße, wie in den obenerwähnten zwei Fällen. Es wurden daher alle übrigen Werte von ψ für die Berechnung von a_k ($k=1, \ldots, 12$) verwendet. Man erhält dann

$$a_1 = -157; \quad a_2 = -548;$$
$$a_3 = +75; \quad a_4 = +109;$$
$$a_5 = +354; \quad a_6 = +173;$$
$$a_7 = -177; \quad a_8 = -502;$$
$$a_9 = +35; \quad a_{10} = +319;$$
$$a_{11} = +32; \quad a_{12} = +205.$$

Da $\sum_{k=1}^{12} a_k \neq 0$ ist, so werden die Werte a_k durch die nach (17) korrigierten Werte a_k ersetzt. Die Saisonbewegung wurde nach Formel (11) berechnet. Fig. 21 und 22 stellen die Ursprungsreihe und die saisonbereinigte Reihe und die Saison- und restliche Schwankung dar.

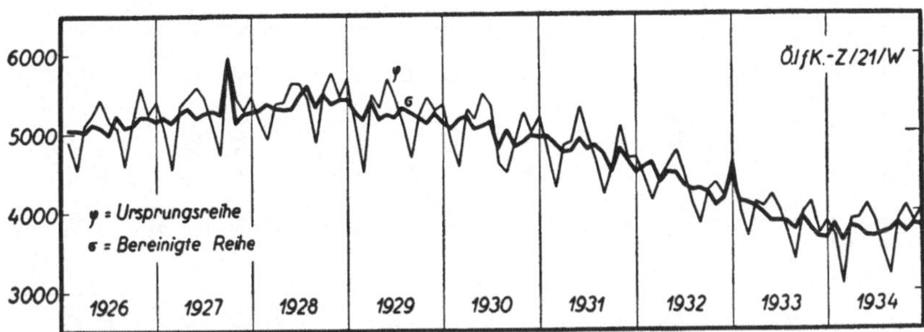

Fig. 21. Von den Wiener städtischen Straßenbahnen beförderte Personen
Ursprungsreihe, bereinigte Reihe (arithmetischer Maßstab, in 10.000 Personen)

Die Resultate scheinen zufriedenstellend zu sein. Um sie genauer zu prüfen, geben wir in der folgenden Tabelle 10 (s. S. 120) die Werte von $s(t)$ und $\varrho(t)$ an.

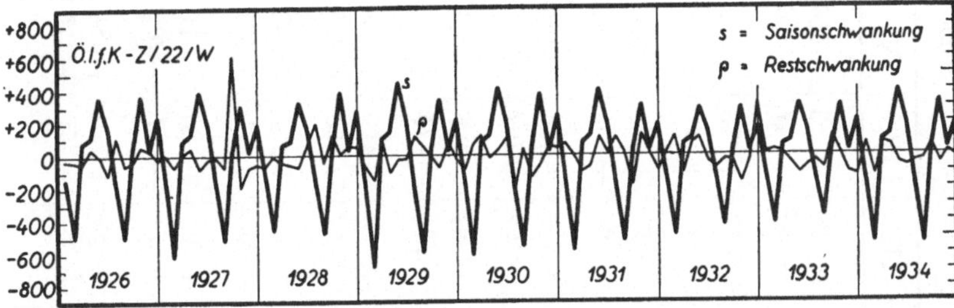

Fig. 22. Von den Wiener städtischen Straßenbahnen beförderte Personen
Saisonschwankung und Restschwankung (arithmetischer Maßstab, in 10.000 Personen)

Zeichnet man (Fig. 23) die einzelnen Jahre von $\varrho(t)$ übereinander auf, so sieht man, daß die Kurven keine deutlichen Regelmäßigkeiten aufweisen und daher kein Anlaß zu Korrekturen vorliegt.

Es kommen zwar in einigen Monatsreihen von $\varrho(t)$ auch 4 aufeinanderfolgende positive, bzw. negative Werte vor, jedoch sind

Tabelle 10

		I.	II.	III.	IV.	V.	VI.	VII.	VIII.	IX.	X.	XI.	XII.
1926	$s(t)$	—144	—491	+ 79	+113	+356	+175	—175	—494	+ 41	+364	+ 36	+231
	$\varrho(t)$	— 28	— 33	— 49	+ 47	— 6	—115	+115	— 53	— 31	+ 56	+ 34	— 21
1927	$s(t)$	—169	—605	+ 90	+133	+392	+191	—181	—515	+ 35	+304	+ 30	+186
	$\varrho(t)$	+ 9	— 67	+ 10	+ 47	— 82	— 21	— 9	— 70	+615	—194	— 70	— 56
1928	$s(t)$	—136	—451	+ 62	+ 88	+326	+160	—162	—463	+ 44	+389	+ 39	+265
	$\varrho(t)$	— 64	— 5	— 42	— 58	— 76	+ 70	+202	— 42	+126	+ 11	+ 51	+ 55
1929	$s(t)$	—190	—677	+100	+144	+451	+221	—208	—587	+ 39	+340	+ 34	+222
	$\varrho(t)$	— 70	—150	+100	—104	— 21	— 21	+118	+ 57	— 9	— 70	+ 76	— 22
1930	$s(t)$	—163	—602	+ 87	+125	+415	+203	—200	—553	+ 43	+375	+ 37	+246
	$\varrho(t)$	— 79	+ 67	+123	— 15	+ 35	+107	—206	+ 43	—128	— 51	+ 56	+ 49
1931	$s(t)$	—174	—575	+ 83	+120	+406	+198	—183	—519	+ 35	+309	+ 31	+190
	$\varrho(t)$	+ 74	— 3	— 94	— 65	+118	+ 17	+112	+ 26	—180	+128	+ 12	— 91
1932	$s(t)$	—134	—482	+ 69	+100	+285	+139	—149	—423	+ 33	+292	+ 29	+168
	$\varrho(t)$	+ 28	+120	—100	+ 73	+108	— 32	— 71	— 27	— 36	—161	— 28	+318
1933	$s(t)$	—121	—415	+ 61	+ 88	+311	+152	—130	—367	+ 34	+302	+ 31	+208
	$\varrho(t)$	+ 17	+ 31	+ 11	— 51	—107	— 67	— 35	— 84	+121	+ 4	—110	—127
1934	$s(t)$	—151	—533	+ 83	+119	+384	+189	—186	—532	+ 37	+321	+ 32	+203
	$\varrho(t)$	+ 69	—125	+ 74	+ 54	— 54	— 71	— 46	— 36	+ 62	— 51	+ 19	— 19

sie sehr ungleich groß, und zumindest
einer von ihnen ist dem absoluten Betrage nach klein, so daß diese nicht un-
bedingt als Reste der Saisonbewegung
angesehen werden müssen.

Einen anderen Charakter hat die
Saisonbewegung in der Reihe der Hausratumsätze II. Für $s(t)$ und $\varrho(t)$ ergeben sich nach Formel (11) die Werte,
die Tabelle 11 (s. S. 122) zeigt.

Im Dezember ist der Saisonausschlag außerordentlich stark gegenüber
den übrigen Monaten. Die restliche
Schwankung $\varrho(t)$ ist gegenüber der
Saisonschwankung nicht klein. Zeichnet
man die einzelnen Jahre von $\varrho(t)$ übereinander auf (Fig. 26), so sieht man
folgendes: Eine bedeutende parallele
oder gegenläufige Bewegung der Jahreskurven ist nicht vorhanden. Dagegen
gibt es einige Monate, in welchen $\varrho(t)$ in
einer Gruppe von aufeinanderfolgenden
Jahren regelmäßig positive, bzw. negative Werte aufweist. Klar tritt dies im
April zum Vorschein. In den Jahren
1924 bis 1928 hat $\varrho(t)$ im April größere
positive Werte, dagegen in den Jahren
1931 bis 1934 dem absoluten Betrage
nach größere negative Werte. Wir begnügen uns, bloß für den Monat April

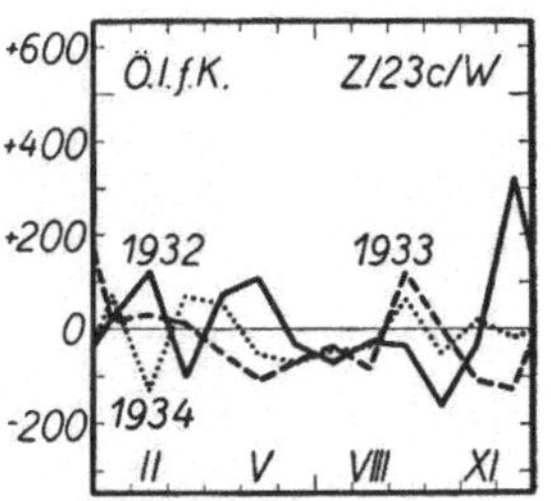

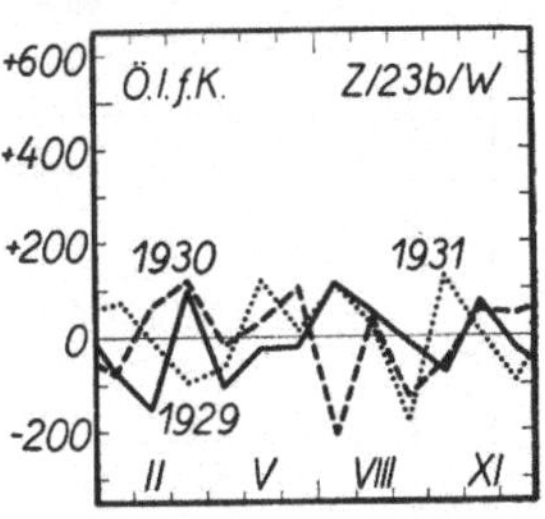

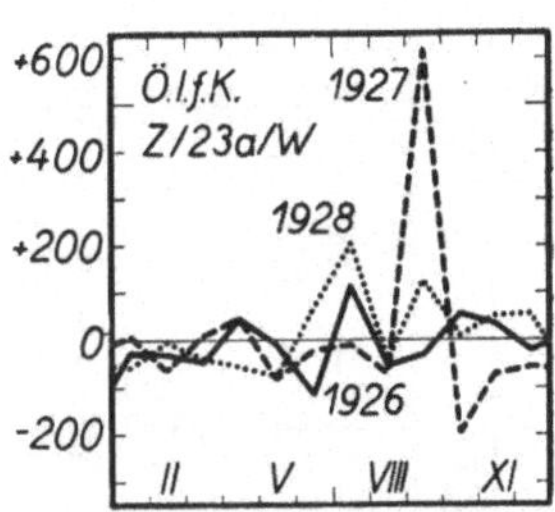

Fig. 23. Von den Wie-
ner städtischen Stra-
ßenbahnen beförderte
Personen

Jahreskurven der Rest-
schwankungen (arithme-
tischer Maßstab, in 10.000
Personen)

eine Korrektur vorzunehmen, da in den übrigen Monaten,
in welchen $\varrho(t)$ in einer längeren Gruppe von aufeinanderfolgenden Jahren positive, bzw. negative Werte aufweist,

Tabelle 11

		I.	II.	III.	IV.	V.	VI.	VII.	VIII.	IX.	X.	XI.	XII.
1924	$s(t)$	− 51	− 64	−12	− 1	−30	− 60	− 79	− 65	+ 48	+ 115	+ 45	+ 242
	$\varrho(t)$	+ 17	+ 8	+24	+ 45	+22	− 38	− 26	− 36	+24	+ 23	−21	− 43
1925	$s(t)$	− 77	− 89	−15	− 2	−35	− 70	− 85	− 72	+ 51	+ 120	+ 47	+ 253
	$\varrho(t)$	+ 17	− 44	−21	+ 54	+16	− 18	+ 33	+ 45	+53	+ 49	− 8	− 46
1926	$s(t)$	− 80	− 102	−19	− 2	−39	− 80	−114	− 89	+ 61	+ 142	+ 56	+ 299
	$\varrho(t)$	− 62	− 47	− 2	+ 67	+10	+ 11	− 16	− 23	−43	− 11	+20	+ 5
1927	$s(t)$	− 98	− 117	−21	− 2	−45	− 89	−102	− 81	+ 56	+ 133	+ 52	+ 280
	$\varrho(t)$	− 5	+ 12	+39	+ 13	+ 8	− 21	− 20	− 13	− 8	− 24	−16	− 1
1928	$s(t)$	− 92	− 110	−19	− 2	−42	− 85	−116	− 93	+ 64	+ 150	+ 59	+ 318
	$\varrho(t)$	− 10	+ 20	+36	+ 80	−18	− 74	+ 13	+ 54	−12	− 36	0	+ 42
1929	$s(t)$	− 97	− 120	−22	− 2	−51	−102	−128	−104	+ 75	+ 177	+ 70	+ 368
	$\varrho(t)$	− 5	+ 65	+11	− 62	−33	+ 45	− 27	+ 13	−25	+ 9	−21	+ 27
1930	$s(t)$	−121	− 141	−25	− 3	−54	−108	−116	− 91	+ 64	+ 149	+ 59	+ 313
	$\varrho(t)$	− 5	+ 35	−35	+ 26	+ 2	+ 6	+ 8	− 26	−39	− 15	+13	+ 13
1931	$s(t)$	−101	− 123	−22	− 2	−55	−114	−151	−123	+ 88	+ 209	+ 82	+ 437
	$\varrho(t)$	+ 11	+ 9	+53	− 86	− 4	+ 9	+ 19	− 23	+56	+ 44	+80	− 28
1932	$s(t)$	−137	− 161	−27	− 3	−51	− 98	− 82	− 64	+ 42	+ 98	+ 39	+ 206
	$\varrho(t)$	+ 14	+ 3	−65	−102	+10	+ 45	− 2	+ 66	− 6	− 26	−20	+ 24
1933	$s(t)$	− 65	− 76	−14	− 1	−31	− 62	− 61	− 47	+ 31	+ 74	+ 29	+ 155
	$\varrho(t)$	− 13	− 20	−25	− 15	0	+ 20	+ 12	− 4	+18	− 6	− 8	+ 8
1934	$s(t)$	− 50	− 61	−11	− 1	−24	− 49						
	$\varrho(t)$	+ 23	− 4	−14	− 16	−15	− 5						

diese Werte nicht sehr groß sind und eine starke Streuung haben. Die Korrektur d_4 der Saisonschwankung $s(t)$ im April

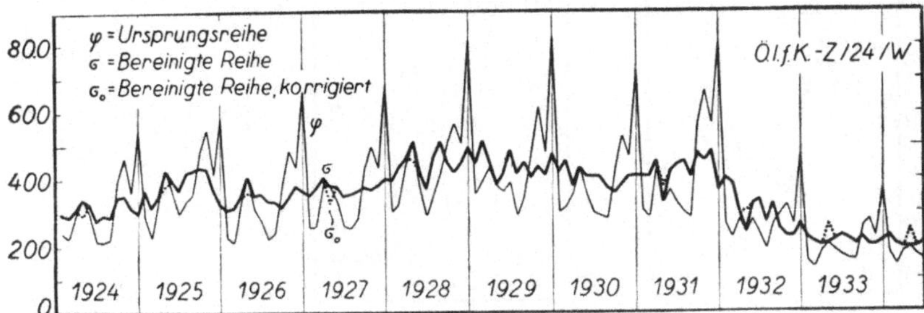

Fig. 24. Hausratumsätze II

Ursprungsreihe, bereinigte Reihe, korrigiert und unkorrigiert (arithmetischer Maßstab, in Perzenten einer willkürlich gewählten Einheit)

der Jahre 1924 bis 1928 ist nach Formel (15) gleich dem arithmetischen Mittel der Aprilwerte von $\varrho(t)$ in den Jahren 1924 bis
1928. Dementsprechend ist die Korrektur d_4' von $s(t)$ im April

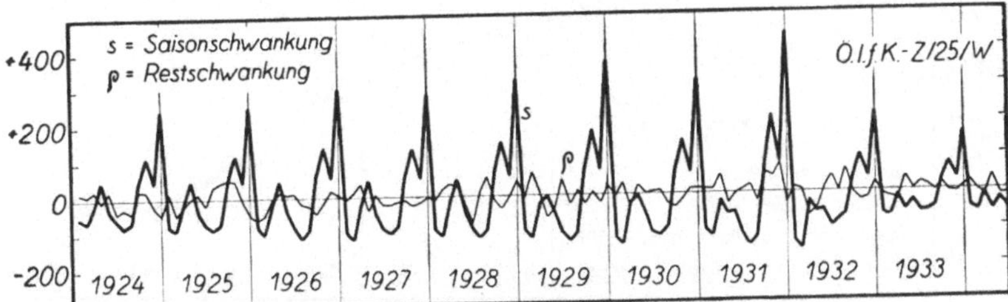

Fig. 25. Hausratumsätze II

Saison- und Restschwankung (arithmetischer Maßstab in Perzenten einer willkürlich
gewählten Einheit)

der Jahre 1931 bis 1934 gleich dem arithmetischen Mittel der
Aprilwerte von $\varrho(t)$ in den Jahren 1931 bis 1934. Die nach-
stehenden Fig. 24 und 25 stellen die Ursprungsreihe, die unkorri-
gierte und korrigierte saisonbereinigte Reihe, ferner die korrigierte Saison- und restliche Schwankung dar.

Als letztes Beispiel betrachten wir schließlich den Mitgliederstand bei den Wiener Krankenkassen (gegen Krankheit Ver-

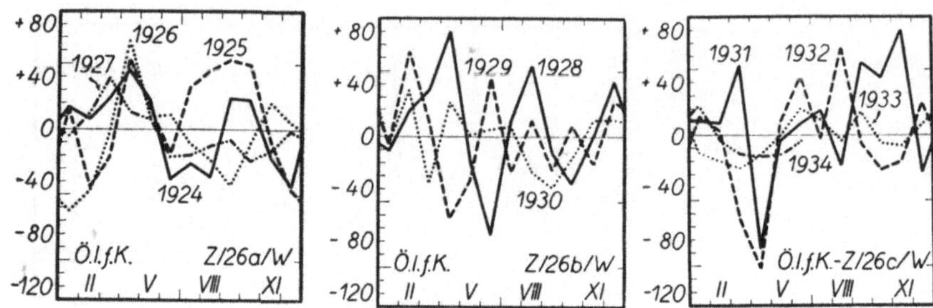

Fig. 26. Hausratumsätze II

Jahreskurven der Restschwankungen (arithmetischer Maßstab, in Perzenten einer
willkürlich gewählten Einheit)

sicherte). Wie aus Fig. 27 ersichtlich ist, steigt der Wert der
Ursprungsreihe im Jahre 1928 vom Mai auf Juni besonders
stark an (von 576 auf 650) und dann bleibt der Jahresmittelwert

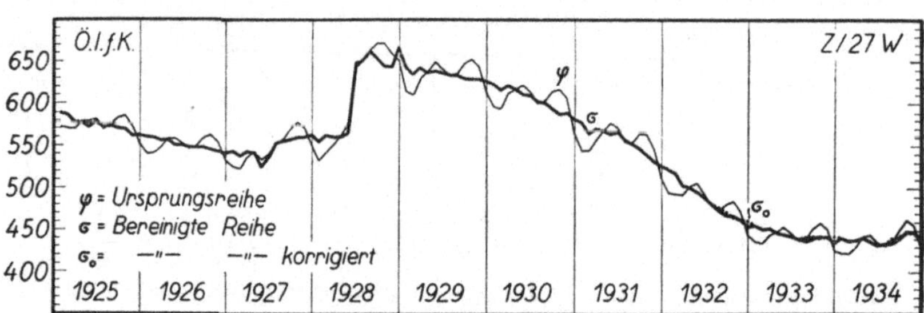

Fig. 27. Mitgliederstand bei den Wiener Krankenkassen (gegen Krankheit Versicherte)

Ursprungsreihe, bereinigte Reihe, korrigiert und unkorrigiert (arithmetischer Maßstab,
in 1000 Personen)

eine längere Zeit ungefähr auf derselben Höhe. Diese plötzliche
Erhöhung des Mitgliederstandes wurde durch eine Änderung
des Krankenversicherungsgesetzes bedingt. Die Werte des
gleitenden 12-Monatsdurchschnittes $\varphi^*(t)$ werden schon sechs

Monate vorher, also schon von Dezember 1927 angefangen, durch diese
plötzliche Steigerung beeinflußt, und
zwar um so stärker, je näher der Zeitpunkt an dem Juni 1928 liegt. Dies
liefert aber unrichtige Ergebnisse, da
$\varphi^*(t)$ annähernd dem Resultierenden
von Trend und Konjunkturbewegung
gleich sein soll, dies aber vor Juni 1928
von der plötzlichen Steigerung im Juni 1928
nicht beeinflußt war. Es wurde daher
$\varphi^*(t)$ nur bis Dezember 1927 berechnet
und für den Zeitraum von Dezember
1927 bis Mai 1928 extrapoliert. Ebenso
wurde $\varphi^*(t)$ im Zeitraum von Juni 1928
bis Dezember 1934 nur von Dezember
1928 angfangen berechnet und für die
fehlenden ersten sechs Monate extrapoliert.

Um die Güte der Saisonbereinigung zu
prüfen, geben wir die Werte der Saisonschwankung $s(t)$ und der restlichen
Schwankung $\varrho(t)$ in Tabelle 12 (s. S. 126) an.

Fig. 28 zeigt die Jahreskurven der
restlichen Schwankung $\varrho(t)$ übereinander
gezeichnet. In den Jahren 1932 bis 1934
zeigt sich von August bis Dezember eine
Parallelität der Bewegung. Im übrigen
scheinen keine besonderen Regelmäßigkeiten vorhanden zu sein. Man wird
also annehmen, daß in den Jahren 1932
bis 1934 vom Mai bis Dezember in $\varrho(t)$
noch gewisse kleine Reste der Saisonbe-

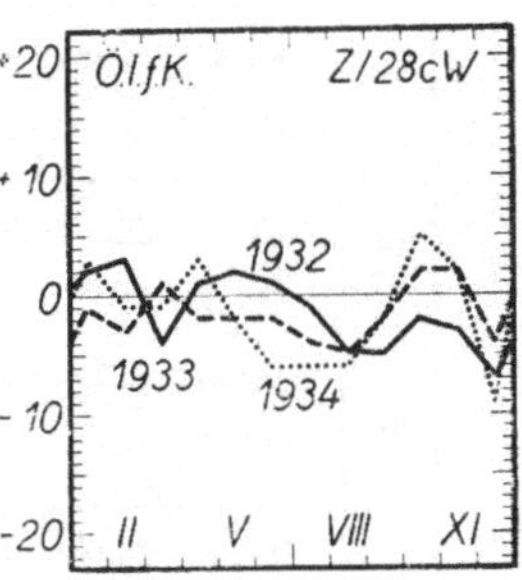

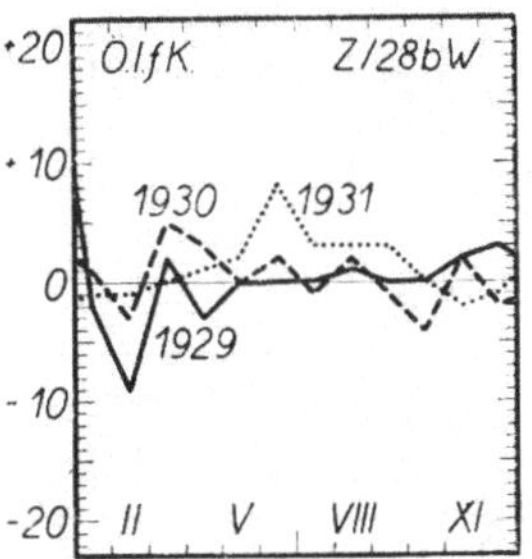

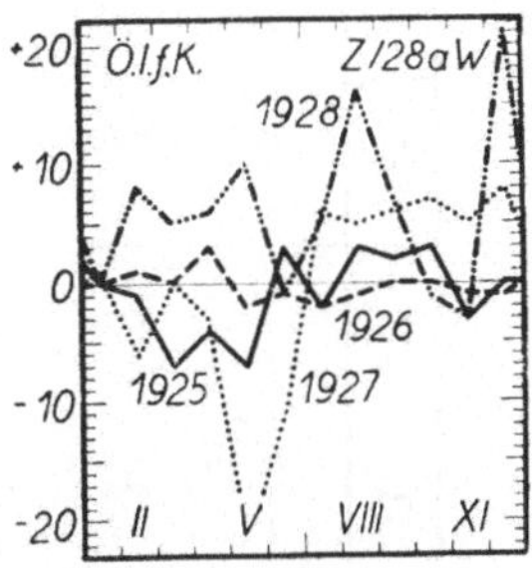

Fig. 28. Mitglieder-
stand bei den Wiener
Krankenkassen (ge-
gen Krankheit Ver-
sicherte)

Jahreskurven der Rest-
schwankungen (arithme-
tischer Maßstab, in 1000
Personen)

Tabelle 12

		I.	II.	III.	IV.	V.	VI.	VII.	VIII.	IX.	X.	XI.	XII.
1925	$s(t)$	−18	−16	− 7	+1	+ 8	+ 3	−1	+ 2	+13	+18	+11	−11
	$\varrho(t)$	0	− 1	− 7	−4	− 7	+ 3	−2	+ 3	+ 2	+ 3	− 3	0
1926	$s(t)$	−20	−18	− 8	+1	+ 8	+ 3	−1	+ 2	+12	+17	+11	− 9
	$\varrho(t)$	0	+ 1	0	+3	− 2	− 1	−2	− 1	0	0	− 1	− 1
1927	$s(t)$	−18	−15	− 7	+1	+ 9	+ 4	−1	+ 2	+13	+18	+11	−12
	$\varrho(t)$	+ 1	− 6	0	−3	−22	−11	+6	+ 5	+ 6	+ 7	+ 5	+ 8
1928	$s(t)$	−23	−20	− 9	+1	+11	+ 4	−1	+ 2	+19	+27	+17	−15
	$\varrho(t)$	0	+ 8	+ 5	+6	+10	− 1	+5	+16	+ 7	− 1	− 3	+21
1929	$s(t)$	−29	−25	−11	+1	+12	+ 5	−1	+ 3	+18	+24	+15	−14
	$\varrho(t)$	− 2	− 9	+ 2	−3	0	0	0	+ 1	0	0	+ 2	+ 3
1930	$s(t)$	−27	−23	−10	+1	+12	+ 5	−1	+ 3	+21	+30	+18	−17
	$\varrho(t)$	+ 1	− 3	+ 5	+3	0	+ 2	−1	+ 2	− 1	− 4	+ 2	− 2
1931	$s(t)$	−33	−29	−13	+1	+14	+ 6	−1	+ 3	+18	+25	+16	−14
	$\varrho(t)$	− 1	− 1	0	+1	+ 2	+ 8	+3	+ 3	+ 3	0	− 2	− 1
1932	$s(t)$	−27	−24	−11	+1	+10	+ 4	−1	+ 2	+13	+18	+11	−10
	$\varrho(t)$	+ 2	+ 3	− 4	+1	+ 2	+ 1	−1	− 5	− 5	− 2	− 3	− 7
1933	$s(t)$	−19	−16	− 7	+1	+ 9	+ 4	−1	+ 2	+12	+16	+10	− 9
	$\varrho(t)$	− 1	− 3	+ 1	−2	− 2	− 2	−4	− 5	− 2	+ 2	+ 2	− 4
1934	$s(t)$	−18	−15	− 7	+1	+ 8	+ 3	−1	+ 1	+10	+14	+ 9	− 8
	$\varrho(t)$	+ 3	− 1	− 1	+3	− 2	− 6	−6	− 6	− 2	+ 5	+ 2	− 9

wegung vorhanden sind. Um diese zu berechnen, bildet man nach Formel 15 für jeden Monat $k \geqq 8$ das arithmetische Mittel d_k der k-ten Monatswerte von $\varrho(t)$ in den Jahren 1932 bis 1934. Die korrigierten Werte der saisonbereinigten Reihe erhält man für den Monat k, indem man d_k von dem unkorrigierten Wert subtrahiert. In Fig. 27 stellt die punktierte Linie die korrigierten Werte dar. Die Korrektur ist, wie man

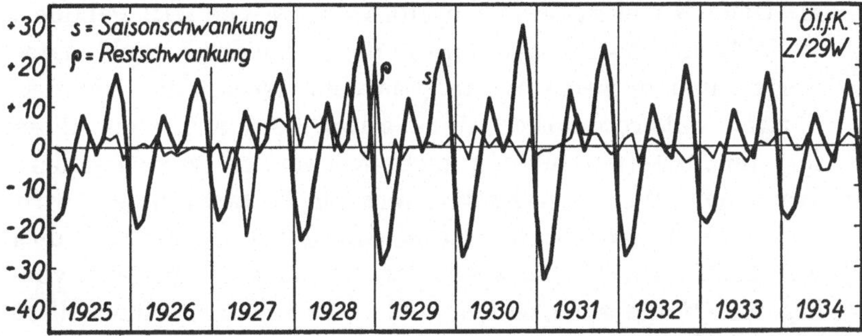

Fig. 29. Mitgliederstand bei den Wiener Krankenkassen (gegen Krankheit Versicherte)

Saisonschwankung und Restschwankung (arithmetischer Maßstab, in 1000 Personen)

sieht, sehr klein. Fig. 29 zeigt die Saisonschwankung $s(t)$ und die restliche Bewegung $\varrho(t)$ bereits mit den Werten d_k korrigiert.

III. ZUSAMMENFASSENDE DARSTELLUNG DES RECHENGANGES

Auf Grund der vorangegangenen Ausführungen geben wir kurz zusammenfassend den praktisch einzuschlagenden Rechengang zwecks Ausschaltung der Saisonbewegung an.

Es bezeichne $\varphi(t)$ die Ursprungsreihe. Die Daten seien etwa monatlich für eine Reihe von n Jahren gegeben. Mit φ_{ik} bezeichnen wir den Wert von φ im k-ten Monat des i-ten Jahres.

Im allgemeinen soll für jede Zeitreihe $F(t)$, F_{ik} den Wert von $F(t)$ im k-ten Monat des i-ten Jahres bedeuten.

1. Man berechne zuerst den gleitenden 12-Monatsdurchschnitt von $\varphi(t)$, den wir mit $\varphi^*(t)$ bezeichnen.

2. Dann wird die Differenz $\varphi(t) - \varphi^*(t) = \psi(t)$ gebildet.

3. Für jeden Monat k ($k = 1, \dots 12$) wird das arithmetische Mittel a_k der k-ten Monatswerte von $\psi(t)$ gebildet, wobei bemerkt wird, daß, falls in der Reihe der k-ten Monatswerte allzu extreme Werte (das sind Werte, die von den übrigen außerordentlich stark abweichen) auftreten, diese für die Mittelwertbildung nicht verwendet werden sollen. Wann ein Wert als Extremwert zu betrachten ist, wird nicht durch eine starre Regel angegeben. Man soll dies womöglich auf Grund spezieller Kenntnisse über die vorliegende Reihe entscheiden, und zwar soll man einen Wert dann als Extremwert betrachten, falls die Annahme berechtigt scheint, daß er hauptsächlich als Wirkung von außersaisonmäßigen Ursachen anzusehen ist.

4. Die Werte a_k ($k = 1, \dots, 12$) werden durch die Werte

$$a'_k = a_k - |a_k| \frac{a_1 + \dots + a_{12}}{|a_1| + \dots + |a_{12}|}$$

ersetzt, wobei $|a_j|$ ($j = 1, \dots, 12$) den absoluten Wert von a_j bedeutet.

5. Die Saisonschwankung $s(t)$ ergibt sich nach der Formel:

$$s_{ik} = a'_k \frac{\sum\limits_{j=k-6}^{k+5} a'_j \psi_{ij}}{\sum\limits_{\nu=1}^{12} (a'_\nu)^2}.$$

Um die Werte dieses Ausdruckes zu berechnen, ist es zweckmäßig, folgendermaßen vorzugehen:

6. Man bilde die Zahlen $b'_k = \dfrac{a'_k}{12 \displaystyle\sum_{\nu=1}(a'_\nu)^2}$ $(k=1, \ldots, 12)$ und

berechne die Reihe $F_{ik} = b'_k\,\psi_{ik}$. Für die ersten 6 und die letzten 6 Monate kann man $F(t)$ nicht bilden, da der gleitende 12-Monatsdurchschnitt und mithin auch $\psi(t)$ für die ersten 6 und die letzten 6 Monate nicht berechnet werden kann.

7. Es wird die Zahlenreihe $D_{ik} = F_{ik} - F_{i-1k}$ gebildet und die Reihe $\mu_{ik} = \displaystyle\sum_{j=k-6}^{k+5} b'_j F_{ij}$ wird dann folgendermaßen berechnet: Es werden die ersten 12 Werte der Reihe F_{ik} summiert. Dies ergibt den Wert von $\mu(t)$ für jenen Monat des zweiten Jahres, mit welchem die Ursprungsreihe im ersten Jahr beginnt. Den Wert von $\mu(t)$ im nächstfolgenden Monat erhält man, indem man den ersten Wert aus der Tabelle D_{ik} dazu addiert. Addiert man dann dazu auch den zweiten Wert aus der Tabelle D_{ik}, so erhält man den Wert von $\mu(t)$ im zweiten darauffolgenden Monat, usw. Man erhält also die Werte von $\mu(t)$ der Reihe nach durch Aufsummierung der D_{ik}.

8. Die Saisonschwankung $s(t)$ ergibt sich aus der Formel

$$s_{ik} = a'_k\,\mu_{ik}.$$

Wie man sieht, kann man $\mu(t)$ und mithin auch $s(t)$ für die letzten 11 Monate nicht berechnen. Um diesen Übelstand zu beheben, wird man $\mu(t)$ extrapolieren, und zwar am einfachsten so, daß $\mu(t)$ für die letzten 11 Monate konstant gleich dem letzten berechneten Wert von $\mu(t)$ gesetzt wird.

9. Die saisonbereinigte Reihe erhält man, indem man die Saisonschwankung von der Ursprungsreihe subtrahiert.

10. *Prüfung der Ergebnisse.* Im allgemeinen wird die Ausschaltung der Saisonbewegung nach der obigen Methode gute Ergebnisse liefern. Liegt jedoch ein Fall vor, wo die Güte der Ausschaltung als zweifelhaft erscheint, so prüfe man dies folgendermaßen: Man zeichne die einzelnen Jahreskurven der restlichen Schwankung $\varrho\,(t)$, d. i. die Differenz zwischen der saisonbereinigten Reihe und dem gleitenden 12-Monatsdurchschnitt der Ursprungsreihe, übereinander auf. Findet man, daß die Jahreskurven von $\varrho\,(t)$ in einigen aufeinanderfolgenden Jahren paarweise eine starke parallele (oder gegenläufige) Bewegung aufweisen, oder, daß in einem Monat k in einer längeren Gruppe von Jahren $\varrho\,(t)$ regelmäßig große positive, (bzw. dem absoluten Betrage nach große negative Werte) aufweist, so ist anzunehmen, daß noch gewisse Reste der Saisonbewegung in $\varrho\,(t)$ vorhanden sind. Man korrigiere dann die nach (11) berechnete Saisonbewegung gemäß den Formeln (15) und (16). Es sei jedoch ausdrücklich bemerkt, daß, falls $\varrho\,(t)$ besonders starke Regelmäßigkeiten aufweist und mithin allzu große Korrekturen notwendig wären, unsere Methode nicht angewendet werden kann und die Saisonschwankung überhaupt nicht nach Formel (11) berechenbar ist.

IV. ABSCHLIESSENDE BEMERKUNGEN

Wir möchten zu unseren Ausführungen noch einige Bemerkungen hinzufügen, die von Interesse sein dürften.

1. In der Praxis kommt es häufig vor, daß man die Saisonbewegung einer statistischen Reihe nur für die jüngste Zeit, etwa für das vorangegangene Jahr berechnen will. Wir wollen daher allgemein den Fall betrachten, daß man die Saisonschwankung nur für irgend ein kurzes Zeitintervall τ berechnen will. Zu diesem Zweck muß man nur die Zahlen $a_1, \ldots, a_{12}$

und $\psi(t)$ für das Zeitintervall τ berechnen. Zur Bestimmung der Zahlen $a_1, \ldots, a_{12}$ wäre aber erforderlich, den gleitenden 12-Monatsdurchschnitt von Anfang bis zu Ende zu berechnen, was eine erhebliche Rechenarbeit bedeutet. Wir wollen hier zeigen, daß man die Zahlen $a_1, \ldots, a_{12}$ auch viel einfacher bestimmen kann. Es sei $\varphi(t)$ die Ursprungsreihe, deren Werte monatlich für eine Reihe von n Jahren gegeben seien. Bezeichnet man mit $\varphi^*(t)$ den gleitenden 12-Monatsdurchschnitt von $\varphi(t)$, so ist (vgl. S. 96)

$$\left. \begin{aligned} a_k &= \frac{\sum\limits_{i=2}^{n} \varphi_{ik} - \varphi_{ik}^*}{n-1} \quad \text{für } k \leq 6 \\[2em] \text{und} \qquad a_k &= \frac{\sum\limits_{i=1}^{n-1} \varphi_{ik} - \varphi_{ik}^*}{n-1} \quad \text{für } k > 6. \end{aligned} \right\} \qquad (*)$$

Es gilt offenbar für $k \leq 6$

$$\sum_{i=2}^{n} \varphi_{ik}^* = \frac{\sum\limits_{i=2}^{n-1} \sum\limits_{k=1}^{12} \varphi_{ik}}{12} +$$

$$+ \frac{\frac{1}{2}\varphi_{1k+6} + \varphi_{1k+7} + \cdots + \varphi_{1\,12} + \varphi_{n1} + \cdots + \varphi_{nk+5} + \frac{1}{2}\varphi_{nk+6}}{12}$$

und für $k > 6$

$$\sum_{i=1}^{n-1} \varphi_{ik}^* = \frac{\sum\limits_{i=2}^{n-1} \sum\limits_{k=1}^{12} \varphi_{ik}}{12} +$$

$$+ \frac{\frac{1}{2}\varphi_{1k-6} + \varphi_{1k-5} + \cdots + \varphi_{1\,12} + \varphi_{n1} + \varphi_{n2} + \cdots + \varphi_{nk-7} + \frac{1}{2}\varphi_{nk-6}}{12}.$$

Aus diesen Gleichungen folgt dann für $k \leqq 6$

$$a_k = \frac{\sum\limits_{i=2}^{n} \varphi_{ik}}{n-1} - \frac{\sum\limits_{i=2}^{n-1}\sum\limits_{k=1}^{12} \varphi_{ik}}{12\,(n-1)} -$$

$$- \frac{\frac{1}{2}\,\varphi_{1k+6} + \varphi_{1k+7} + \cdots + \varphi_{112} + \varphi_{n1} + \cdots + \varphi_{nk+5} + \frac{1}{2}\,\varphi_{nk+6}}{12\,(n-1)}$$

und für $k > 6$

$$a_k = \frac{\sum\limits_{i=1}^{n-1} \varphi_{ik}}{n-1} - \frac{\sum\limits_{i=2}^{n-1}\sum\limits_{k=1}^{12} \varphi_{ik}}{12\,(n-1)} -$$

$$- \frac{\frac{1}{2}\,\varphi_{1k-6} + \varphi_{1k-5} + \cdots + \varphi_{112} + \varphi_{n1} + \cdots + \varphi_{nk-7} + \frac{1}{2}\,\varphi_{nk-6}}{12\,(n-1)} \, .$$

In den praktischen Fällen begeht man nun einen vernachlässigbar kleinen Fehler, wenn man in den obigen Gleichungen φ_{1j}

$(j = 1, \ldots, 12)$ durch $\varphi_1 = \dfrac{\sum\limits_{k=1}^{12}\varphi_{1k}}{12}$ und $\varphi_{nj}\,(j = 1, \ldots, 12)$ durch

$\varphi_n = \dfrac{\sum\limits_{k=1}^{12}\varphi_{nk}}{12}$ ersetzt. Man erhält dann, wie man leicht bestätigen kann, die folgende Gleichung:

$$a_k = \frac{\sum\limits_{i=2}^{n-1} \varphi_{ik}}{(n-1)} - \frac{\sum\limits_{i=2}^{n-1}\sum\limits_{k=1}^{12} \varphi_{ik}}{12\,(n-1)} + \frac{(6{\cdot}5 - k)\,(\varphi_n - \varphi_1)}{12\,(n-1)} \quad (k = 1, \ldots, 12). \quad (**)$$

Die Bestimmung der Werte a_k auf Grund der Gleichungen (**) erfordert erheblich weniger Rechenarbeit als die Berechnung von a_k auf Grund der Gleichungen (*).

Will man jedoch die Saisonschwankung für die Reihe $\varphi(t)$ von Anfang bis zu Ende berechnen, so muß man ohnedies die

Reihe $\psi(t) = \varphi(t) - \varphi^*(t)$ für jeden Zeitpunkt bestimmen, und in diesem Fall ist es am einfachsten, die Werte a_k auf Grund der Gleichungen (*) zu berechnen.

2. Es wurde auf S. 113 der Fall besprochen, daß für irgend einen Monat k in der Zahlenreihe $\psi_{1k}, \ldots, \psi_{nk}$ einige Extremwerte auftreten; dabei bedeutet ψ_{ik} $(i = 1, \ldots, n)$ die Differenz zwischen dem Ursprungswert und seinem gleitenden 12-Monatsdurchschnitt. Es wurde empfohlen, für die Berechnung von a_k diese Extremwerte nicht zu verwenden, d. h. man streiche in der Reihe $\psi_{1k}, \ldots, \psi_{nk}$ die auftretenden extremen Werte und setze a_k gleich dem arithmetischen Mittel der übrigen Werte, mit anderen Worten, es wird aus der Reihe $\psi_{1k}, \ldots, \psi_{nk}$ ein bereinigter Durchschnitt gebildet. In Kapitel II haben wir bei der Besprechung der üblichen Methoden (vgl. etwa S. 16) gesehen, daß oft als Mittelwert einer Reihe ihr Median, oder erweiterter Median betrachtet wurde. Der Grund hiefür lag darin, daß man auf diese Weise die irregulären Schwankungen besser ausgeschaltet zu haben glaubt, als wenn man etwa das reine arithmetische Mittel bildet. Es wird dabei folgendermaßen argumentiert: Der arithmetische Durchschnitt ist von allen Werten der Reihe abhängig. Nun sind die wirtschaftsstatistischen Reihen öfters Störungen ausgesetzt, so daß in der Reihe, deren Mittelwert zu bilden ist, oft auch abseits gelegene, von den übrigen stark abweichende Werte auftreten, die offenkundig hauptsächlich als Wirkung von irregulären Ursachen zu betrachten sind. Ein reines arithmetisches Mittel zu bilden, ist daher nicht angebracht, da dieser Mittelwert auch von den offenkundig irregulären Werten wesentlich beeinflußt wird. Diese Argumentation ist richtig, jedoch besagt sie nur, daß es vorteilhafter ist, statt des reinen arithmetischen Durchschnittes einen bereinigten Durchschnitt zu bilden, d. h. gewisse Extremwerte für die Durchschnittsbildung nicht zu verwenden. Ob aber die Verwendung des Medians oder des erweiterten Medians vorteil-

hafter wäre, als die des bereinigten Durchschnittes, ist zumindest problematisch. In unserem Falle ist es aber jedenfalls günstiger, a_k dem bereinigten Durchschnitt der Reihe $\psi_{1k}, \ldots, \psi_{nk}$, als dem Median oder dem Durchschnitt einer engeren Gruppe von mittleren Werten (erweiterter Median) gleichzusetzen. Würde man nämlich für jeden Monat k, a_k dem Medianwert der Reihe $\psi_{1k}, \ldots, \psi_{nk}$ gleichsetzen, so könnte es passieren, daß etwa der Medianwert der Reihe $\psi_{11}, \ldots, \psi_{n1}$ in ein anderes Jahr fiele als der Medianwert der Reihe $\psi_{12}, \ldots, \psi_{n2}$. Dann könnten aber a_1 und a_2 nicht als Werte der Saisonschwankung mit derselben Amplitude betrachtet werden, da die Amplitude inzwischen sich geändert haben kann. Ähnliche Bemerkungen gelten auch, wenn man a_k dem arithmetischen Mittel einer engeren (etwa aus drei bis vier Gliedern bestehenden) mittleren Gruppe gleichsetzt. Es ist daher am besten, aus den Reihen $\psi_{1k}, \ldots, \psi_{nk}$ ($k = 1, \ldots, 12$) bereinigte Durchschnitte zu bilden.

3. Ein wichtiges und noch ungelöstes Problem bildet der Umstand, daß in manchen statistischen Reihen die Höhe- bzw. Tiefpunkte der Saisonbewegung nicht exakt in demselben Monat eines jeden Jahres auftreten, sondern sich um einen, eventuell auch zwei Monate verschieben. Es kann sich auch der Fall ereignen, daß das arithmetische Mittel der Saison- ausschläge in zwei aufeinanderfolgenden Monaten zwar in jedem Jahr denselben Wert hat, aber in der Intensität der beiden Saisonausschläge gewisse Verschiebungen auftreten, d. h. daß in einem Jahr der eine Monatswert kleiner und der andere Monatswert größer ist als in einem anderen Jahr. Der Grund hiefür liegt im folgenden: Die Saisonschwankungen werden u. a. durch die Witterung und durch soziale Einrichtungen, die kalendermäßig festliegen, hervorgerufen. Nun ist die Witterung nicht exakt periodisch, es kann sich ereignen, daß die größte Kälte bzw. Hitze in zwei aufeinanderfolgenden Jahren nicht in demselben Monat auftritt und mithin eine entsprechende

Verschiebung in der Saisonbewegung bedingt. Ähnliches gilt auch für die sozialen Einrichtungen. Es kann z. B. Ostern im März oder April, und Pfingsten im Mai oder Juni sein, wodurch ebenfalls gewisse Verschiebungen in der Saisonbewegung auftreten können. In der Mehrzahl der wirtschaftsstatistischen Reihen werden jedoch solche Verschiebungen entweder überhaupt nicht oder nur von so geringem Maße auftreten, daß sie praktisch vernachlässigbar sind. Liegt aber ein Fall vor, wo Verschiebungen der oben erwähnten Art in stärkerem Maße vorhanden sind, so können bei der Anwendung unserer Methode noch gewisse Reste der Saisonbewegung in der bereinigten Reihe verbleiben, da dieser Methode die Annahme zugrunde liegt, daß die Saisonschwankung von der Form $\lambda(t)\,p(t)$ ist, wobei $p(t)$ eine periodische Funktion ist und $\lambda(t)$ eine Funktion bedeutet, die ihren Wert nur „langsam" ändert, wodurch Verschiebungen der oben erwähnten Art ausgeschlossen werden.

Zur Behandlung dieses Problems kann man zwei grundsätzlich verschiedene Wege einschlagen. Der eine besteht darin, daß man die Ursachengruppe, welche die Saisonschwankung hervorruft, genau untersucht und zwischen der Saisonbewegung und gewissen Erscheinungen der Ursachengruppe Korrelationen festzustellen versucht. Auf diese Weise kann es manchmal gelingen, die in der Saisonbewegung eventuell auftretenden Verschiebungen der oben erwähnten Art quantitativ zu bestimmen. Ein Beispiel möge dies erläutern: Der Lebensmittelumsatz ist unter anderem auch durch die Osterfeiertage saisonmäßig beeinflußt und mithin wird der Umsatz im März, bzw. im April wesentlich auch davon abhängen, ob Ostern in den März oder in den April fällt. Durch die Verschiebung der Feiertage wird also auch eine entsprechende Verschiebung in der Saisonbewegung auftreten. Kennt man die wöchentlichen Werte der Lebensmittelumsätze, so kann man den Umsatz in der Woche unmittelbar vor Ostern mit dem der vorangehenden

Woche vergleichen. Da während dieser kurzen Zeit sowohl der Trend als auch die Konjunktur und die übrigen eventuell vorhandenen Saisonfaktoren als konstant angenommen werden können, so wird man die festgestellte Änderung des Umsatzes bloß dem Einfluß der Osterfeiertage und irregulären Einflüssen zuschreiben. Beobachtet man diese Änderung des Umsatzes während einer Reihe von Jahren, so kann man durch geeignete Mittelwertbildungen die irregulären Einflüsse ausschalten und die bloß durch die Feiertage bedingte Änderung feststellen. Damit ist man schon am Ziel, denn kennt man die durch die Feiertage bewirkte Änderung des Lebensmittelumsatzes, so kann man auch die Verschiebung in der Saisonbewegung berechnen, die dadurch entsteht, daß Ostern einmal in den März und einmal in den April fällt. Viel schwieriger ist die Bestimmung des Einflusses der Feiertage, falls nur die *Monats*werte der Lebensmittelumsätze gegeben sind. In diesem Falle kann man bloß die Monatswerte März und April in einer Reihe von Jahren vergleichen und untersuchen, wie diese durch die Verschiebung der Feiertage beeinflußt werden. Nun kann aber die Differenz oder das Verhältnis der Monatswerte März und April im Laufe der Jahre infolge von Strukturänderungen der sonstigen Saisonfaktoren einer systematischen Umwandlung unterworfen sein; in diesem Falle ist es dann sehr schwierig, den Einfluß der Osterfeiertage zu isolieren.

Man kann auch einen hievon grundsätzlich verschiedenen Weg einschlagen, indem man die in der Saisonbewegung eventuell auftretenden Verschiebungen der oben erwähnten Art bloß auf Grund der Daten der vorliegenden Reihe, also ohne auf irgend welche äußere Erscheinungen Bezug zu nehmen, feststellen versucht. Man könnte zu diesem Zweck etwa folgendermaßen vorgehen: Man teilt das Kalenderjahr in aneinander sich anschließende Teilintervalle $\tau_1, \ldots, \tau_\nu$ derart ein, daß die in der Saisonbewegung etwa auftretenden Verschiebungen der oben erwähnten Art in diese Zeitintervalle fallen.. Man berechnet dann für jedes Zeitintervall τ_j $(j = 1, \ldots, \nu)$ den Durchschnittswert der Ursprungsreihe und auf die so erhaltene Reihe wird unsere Methode für die Berechnung der Saisonschwankung angewendet. Auf diese Weise erhält man für jedes Jahr i den Durchschnitt σ_{ij} der Saisonschwankung $s(t)$ der Ursprungsreihe in dem Zeitintervall τ_j des i-ten Jahres. Das Problem besteht nun darin, wie man aus den Werten σ_{ij} die monatlichen Werte von $s(t)$ bestimmen kann. Um etwas Bestimmtes vor Augen zu haben, nehmen wir an, daß τ_j etwa aus den ersten drei Monaten des Kalenderjahres besteht. Dann ist $\sigma_{ij} = \frac{s_{i1} + s_{i2} + s_{i3}}{3}$. Es bezeichne $\psi(t)$ die Abweichung der Ursprungswerte von ihren gleitenden 12-Monatsdurchschnitten. Man könnte nun die Werte s_{i1}, s_{i2}, s_{i3} so bestimmen, daß sie sich an die entsprechenden Werte ψ_{i1}, ψ_{i2}, ψ_{i3} in irgend einem Sinne möglichst gut annähern und dabei die Nebenbedingung $\sigma_{ij} = \frac{s_{i1} + s_{i2} + s_{i3}}{3}$ erfüllt ist. Wählt man als Maß der Annäherung die Summe der Abweichungsquadrate, so bestimmt man die Werte s_{i1}, s_{i2}, s_{i3} derart, daß $(\psi_{i1} - s_{i1})^2 + (\psi_{i2} - s_{i2})^2 + (\psi_{i3} - s_{i3})^2$ ein Minimum wird und die Nebenbedingung $\sigma_{ij} = \frac{s_{i1} + s_{i2} + s_{i3}}{3}$ erfüllt ist. Man erhält dann die folgenden Werte:

$$s_{ik} = \psi_{ik} - \left(\frac{\psi_{i1} + \psi_{i2} + \psi_{i3}}{3} - \sigma_{ij} \right) \quad (k = 1, 2, 3).$$

Diese Methode hat den Nachteil, daß unter anderem auch vorausgesetzt wird, daß die irregulären Werte sich schon in dem kurzen Zeitintervall τ_j ausgleichen, eine Annahme, die sicherlich nicht immer zutrifft. Insbesondere dann nicht, wenn im Intervall τ_j auch ein Extremwert auftritt, was zu einem beträchtlichen Fehler führen kann.

Es bestehen hier noch verschiedene Probleme, die gelöst werden müssen. Mit den obigen Ausführungen wollten wir bloß auf die bestehenden . Schwierigkeiten hinweisen und gewisse Lösungsversuche andeuten.

V. ANHANG

Während der Drucklegung gelangte mir eine Reihe zur Kenntnis, bei der die PERSONSsche Methode versagt und welche zeigt, daß sich auch ganz absurde Resultate ergeben können, falls die Voraussetzungen, auf welche die angewendete Methode sich gründet, nicht erfüllt sind. Es handelt sich hier um die Reihe der Spirituserzeugung in Österreich. Wegen Raummangels sei sie nur kurz besprochen. Fig. 30 zeigt die Ursprungsreihe und die nach PERSONS und nach der neuen Methode bereinigten Reihen. Besonders auffallend ist, daß die nach PERSONS bereinigte Reihe im August der Jahre 1922 bis 1924 sehr hohe Werte aufweist, dagegen vom Jahre 1927 angefangen in den Sommermonaten regelmäßig stark sinkt. Der Grund für das Versagen der PERSONSschen Methode liegt hauptsächlich darin, daß in diesem Falle die Saisonschwankung nicht als Produkt der Ursprungsreihe mit einer periodischen Funktion darstellbar ist. Es würden also auch andere Methoden mit starren Saisonindexziffern genau so versagen. Unsere saisonbereinigte Reihe wurde nach Formel (11) (s. S. 85) berechnet, ohne irgendwelche Korrekturen. Sie weist noch ziemlich starke Schwankungen auf, die aber kaum einen saisonmäßigen Charakter haben und vielmehr als irreguläre Bewegungen betrachtet werden können. Bloß in dem Zeitraum vom März 1925 bis März 1926 scheint die bereinigte Reihe die Saisonbewegung etwas verschoben mitzumachen. Der Grund hiefür liegt vielleicht in dem Umstand, daß in dem betrachteten Zeitraum in der Saisonbewegung eine gewisse Verschiebung (vgl. hiezu die

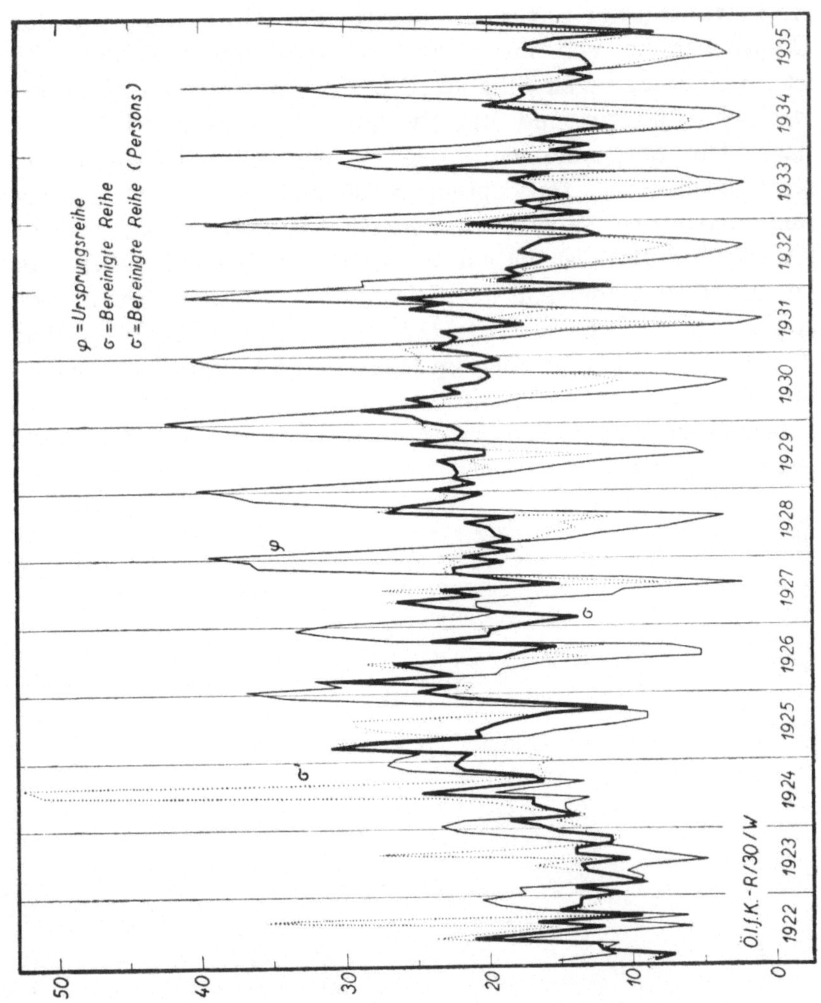

Fig. 30. Spirituserzeugung in Österreich
Ursprungsreihe, bereinigte Reihen (PERSONS und neue Methode),
(arithmetischer Maßstab, in 1000 hl)

Ausführungen auf S. 134 ff.) auftritt. Die Abweichung $\psi(t)$ der Ursprungsreihe von ihrem gleitenden 12-Monatsdurchschnitt ist im Februar regelmäßig stark positiv, dagegen im März abwechselnd positiv und negativ und dem absoluten Betrage nach klein, ausgenommen in den Jahren 1925 und 1926, wo sie stark positiv ist. Im September ist $\psi(t)$ stets stark negativ und im Oktober, abgesehen von einigen Ausnahmen, positiv; im Oktober 1925 ist sie stark negativ. Es scheint daher eine gewisse Verschiebung in der Saisonbewegung vorzuliegen. Der starke positive Saisonausschlag vom Februar blieb in den Jahren 1925 und 1926 auch im März erhalten, und erst nachher nimmt er ab. Ebenso blieb im Oktober 1925 der starke negative Saisonausschlag vom September noch erhalten, und erst nachher beginnt die Reihe zu steigen.

ÖSTERREICHISCHES INSTITUT FÜR KONJUNKTURFORSCHUNG

WIEN I, STUBENRING 8—10

Telephon R-23-500

Das von den wirtschaftlichen Hauptverbänden Österreichs geschaffene „Österreichische Institut für Konjunkturforschung" bietet den Mitgliedern des zu seiner Erhaltung gegründeten Vereines in seinen Berichten eine umfassende, zum großen Teil in graphischen Darstellungen gegebene Übersicht über die wirtschaftliche Entwicklung Österreichs und des Auslandes. Die Verarbeitung des in diesen Heften enthaltenen wirtschaftsstatistischen Materials erfolgt dabei nach dem Gesichtspunkt, daß sie unmittelbare Grundlagen für geschäftliche und wirtschaftspolitische Entscheidungen zu bieten vermögen.

LEITER DES INSTITUTES:

OSKAR MORGENSTERN

WISSENSCHAFTLICHE MITARBEITER:

ERNST JOHN   REINHARD KAMITZ   GERHARD TINTNER

Bezugsbedingungen:

Die Monatsberichte des Österreichischen Institutes für Konjunkturforschung werden an Mitglieder des Vereines „Österreichisches Institut für Konjunkturforschung" und an wissenschaftliche Institute und Bibliotheken abgegeben. Mitglieder können physische und juristische Personen nach Genehmigung der Aufnahme durch den Ausschuß des Vereines werden. Der Mindestmitgliedsbeitrag beträgt S 50·— in Österreich und S 60·— im Ausland und schließt den Bezug der Monatsberichte und sonstigen Publikationen des Institutes ein. Mitglieder können weitere Exemplare des Jahrganges der Monatsberichte zum Selbstgebrauch um je S 20·— erhalten.

Alle Zuschriften sind an das Österreichische Institut für Konjunkturforschung, Wien I, Stubenring 8—10, zu richten. Geldsendungen auf das Postscheckkonto des Institutes bei der Österreichischen Postsparkasse Nr. 35.754 zu überweisen. Anfragen unter Tel.-Nr. R-23-500.